"十四五"普通高等教育本科部委级规划教材

Stoll 电脑横机
针织面料设计与创新应用

柯宝珠　著

中国纺织出版社有限公司

内 容 提 要

本书主要介绍Stoll电脑横机基本原理与操作，M1 Plus 花型设计软件的程序设计与应用，各种组织结构针织面料的花型设计与全成形编织设计。重点讲解了提花编织、局部编织、各种肌理织物的工艺设计与创新应用，并对不同技术手法在创意成衣编织中的具体应用进行了实践。

全书内容翔实丰富，针对性强，具有较高的学习和研究价值，不仅适合服装专业师生学习，也可供服装行业管理者、设计师、专业技术人员、研究者参考使用。

图书在版编目（CIP）数据

Stoll 电脑横机针织面料设计与创新应用 / 柯宝珠著
. -- 北京：中国纺织出版社有限公司，2024. 3
"十四五"普通高等教育本科部委级规划教材
ISBN 978-7-5229-1319-3

Ⅰ. ①S… Ⅱ. ①柯… Ⅲ. ①横机－高等学校－教材
Ⅳ. ① TS183.4

中国国家版本馆 CIP 数据核字（2024）第 024988 号

责任编辑：李春奕 施 琦 责任校对：寇晨晨
责任印制：王艳丽

中国纺织出版社有限公司出版发行
地址：北京市朝阳区百子湾东里 A407 号楼 邮政编码：100124
销售电话：010—67004422 传真：010—87155801
http://www.c-textilep.com
中国纺织出版社天猫旗舰店
官方微博 http://weibo.com/2119887771
三河市宏盛印务有限公司印刷 各地新华书店经销
2024 年 3 月第 1 版第 1 次印刷
开本：787×1092 1/16 印张：9.5
字数：168 千字 定价：59.80 元

前言

PREFACE

针织面料因其良好的弹性、抗皱性与透气性，又穿着柔软舒适，满足了现代人对运动、休闲生活的需求。电脑横机新工艺和新技术的应用，使得针织面料的品种更加丰富、性能更加优良，针织工艺的设计也更加便捷、多样，生产更加自动、智能，但对人才的专业化能力也提出了更高的要求，需要相关从业者既熟悉电脑横机软件编程，又要熟练掌握针织工艺设计。鉴于此，笔者整理了十余年从事针织服装设计教学的相关课程资料，结合企业实践以及研究生的科研成果，撰写了本书。

本书主要介绍了Stoll电脑横机及其设计软件的应用与操作，不同组织针织面料的花型设计与全成形编织设计，重点介绍了提花编织、局部编织和各种肌理织物的工艺设计与应用，以及不同技术手法在创意成衣编织中的综合应用。本书共七章：第一章绪论由笔者撰写；第二章Stoll电脑横机及其设计软件的介绍与操作由笔者和黄时建老师合作撰写；第三章Stoll电脑横机编织提花织物由笔者和研究生李冉冉合作撰写；第四章Stoll电脑横机编织局部编织织物由研究生王林霞和李春晓合作撰写；第五章局部编织技术在创意成衣编织中的实践由研究生李春晓撰写；第六章Stoll电脑横机编织肌理织物与第七章肌理设计手法在创意成衣中的编织实践由研究生张乾惠撰写。本书既强调对基础理论知识与编织原理的讲解，又注重对实际应用与创意成衣编织实践的讲解，对高校师生以及企业从事针织面料设计与研发的相关人员具有较高的指导性和实际应用性。

本书在撰写过程中，引用了部分Stoll电脑横机的操作说明和上海工程技术大学服装设计与工程专业的学生教学实例，在此表示诚挚的感谢。同时非常感谢本书的编辑李春奕和中国纺织出版社有限公司各位工作人员在本书出版过程所付出的努力。由于笔者水平有限，书中疏漏和不足之处，恳请广大读者不吝赐教、批评指正。

柯宝珠

2023年11月

于上海工程技术大学

目录

C O N T E N T S

第一章

绪论

PART 1

随着生活水平的提高，人们对服装的要求日益提升。传统服饰以结实耐穿、防寒保暖为主，如今服饰则以时尚个性、自由休闲、功能舒适为主，消费者对休闲、舒适、绿色、环保、安全、个性与特殊功能需求越来越高。与机织面料相比，针织面料有诸多优势，如质地柔软、穿着舒适、延伸性好、可满足人体活动需求、吸湿透气性好。因此，针织服装在流行服饰中的热度不断上涨，在时尚T台上也频频露面，尤其是实用性、功能性与创新性完美结合的针织服装倍受消费者青睐。纵观大多数针织服装，仍然以单一组织为主，面料组织结构的创新性和整体造型个性化还有待提升。

近年来，越来越多的研究人员对针织横机创新设计表现出极大兴趣，也有越来越多的创新针织组织肌理被运用到服饰设计和家居设计中。电脑横机的普遍运用以及在高低踵针、自动翻针、沉降片技术和电子选针方面的技术更新，使得针织服饰的生产更趋于工业化，针织组织的花型设计和工艺设计也越发多变。利用电脑横机的自动化和智能化进行工艺设计来实现针织面料的组织设计与创新应用是一个值得研究的方向。

科技的发展使针织服装工艺的设计更便捷、多样，使生产更自动、智能，但也对人才的专业化要求极高。针织服装电脑横机软件编程和工艺设计的专业化要求，使很多只懂得设计不了解针织工艺的服装设计师的设计构想无法实现。这是因为工艺与设计不能完美结合，懂工艺的技术人员在设计能力上有欠缺，而了解时尚的设计人员对针织服装的组织和工艺了解不够，这阻碍了针织服装创新应用的发展。设计师只有充分了解电脑横机的工艺设计手法才能设计出既与现代化工艺完美结合，又能满足市场需求的针织服饰。因此，探寻横机织物组织创新设计和工艺设计完美结合的针织服装具有非常重要的意义。

鉴于此，本书主要讲解Stoll电脑横机基本原理与操作，M1 Plus花型设计软件的程序设计与应用以及各种组织结构针织面料的花型设计与全成形编织设计，重点介绍了提花编织、局部编织、各种肌理织物的工艺设计与创新应用，最后对不同技术手法在创意成衣编织中的具体应用进行了实践。

第一节　针织服装的发展

现代针织是由早期的手工编织演变而来，手工针织用棒针，历史悠久，技艺精巧，花形灵活多变，在民间得到广泛流传和发展，迄今发现最早的手工针织品距今约2200年。手工棒针和钩针编织曾在很长一段时间内居于针织服装生产的主导地位，直到1589

年，英国神学院的一名学生威廉·李（William Lee）发明了世界上第一台手摇式钩针织机，可用于编织毛线袜片（图1-1）。从此，针织服装逐渐由手工编织走向机械化生产。

图1-1 威廉·李发明的手摇式钩针织机

1775年，英国人克雷恩（Crain）发明经编机；1816年，法国人布吕内尔（Bruneel）制成圆形针织机。1879年，欧洲国家的针织品输入中国，洋袜、手套以及其他针织品通过上海、天津、广州等口岸传入中国大陆。1896年，中国第一家针织厂——上海云章衫袜厂（现在的上海景纶针织厂）在上海虹口成立，标志着我国针织工业的开始。

针织服装质地松软，有良好的抗皱性与透气性，并有较大的延伸性与弹性，穿着舒适。随着人们崇尚休闲、运动的生活方式，针织服装越来越成为服装流行的焦点，目前全球针织服装的发展速度已经超过了机织服装。特别是新材料、新工艺、新技术的应用，使针织面料更加丰富，性能更加优良。众多一线国际大牌在产品设计中也纳入了针织服装的设计系列，针织服装逐渐迈入高级时装的"大雅之堂"，且趋于时装化、成衣化。由此可见，针织服装在现代生活中占据了越来越重要的地位。

第二节 针织物的分类与基本结构

一、针织物的分类

针织物一般来说是相对机织物而言，机织物最小组成单元是经纱和纬纱（图1-2）。针织物是利用织针将纱线弯曲成线圈，并将其相互串套起来形成的织物，根据纱线在织物中的成圈方向可以分为经编织物（图1-3）和纬编织物（图1-4）。

①经编织物：纱线沿纬向喂入织针进行编织形成的织物（图1-3）。

②纬编织物：纱线沿经向喂入织针进行编织形成的织物（图1-4）。

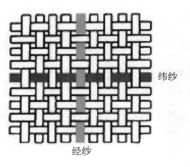

图1-2　机织物

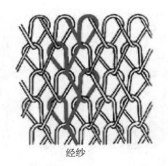

图1-3　经编织物

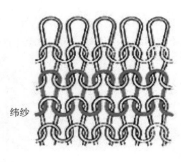

图1-4　纬编织物

二、针织物的基本结构

针织物的基本结构单元为线圈，它是一条三度弯曲的空间曲线（图1-5）。一个完整线圈单元由圈干1—5和延展线5—6—7组成，圈干则由圈柱1—2与4—5和针编弧2—3—4组成（图1-6）。

针织物中线圈在横向连接的组合a—a称为"横列"；线圈在纵向串套的组合b—b称为"纵行"；在同一横列中相邻两线圈对应点之间的水平距离A称为"圈距"；在同一纵行中相邻两线圈对应点之间的垂直距离B称为"圈高"；圈距和圈高大小直接影响针织物组织的紧密程度（图1-7）。

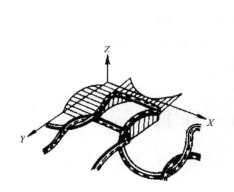

图1-5　线圈模型

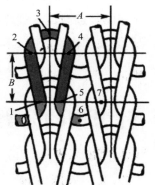

图1-6　纬平针组织线圈结构图1

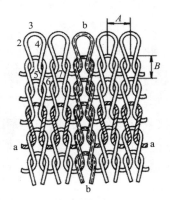

图1-7　纬平针组织线圈结构图2

针织物也有织物正面和织物反面之分，圈柱覆盖于圈弧之上的一面，称为"织物正面"；圈弧覆盖于圈柱之上的一面称为"织物反面"。针织物按编织的针床数又分为单面针织物和双面针织物，单面针织物由一个针床编织而成，其线圈的圈弧或圈柱集中分布在织物的一面（图1-8）；双面针织物由两个针床编织而成，织物两面均有正面线圈（图1-9）。

（a）织物正面　　　　（b）织物反面

图1-8　单面针织物

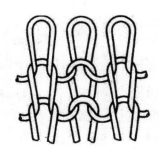

图1-9　双面针织物

三、针织物组织的表示方法

1. 线圈结构图

针织物的线圈结构图是用图解方法将线圈在织物中的形态描绘下来，其特点为直观、繁杂，适用于简单组织（图1-10）。

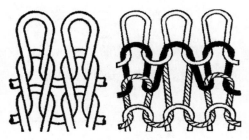

图1-10　线圈结构图

2. 意匠图

意匠图是将针织物内线圈组合的规律，用规定的符号在小方格纸上表示的一种图形。主要有花纹意匠图和结构意匠图，其特点是不够直观，适用于结构较复杂及大花纹的织物组织。

花纹意匠图用于表示提花织物正面的花型与图案。每一方格代表一个线圈，方格纵向的组合表示线圈纵行，横向的组合表示线圈横列（图1-11），组成一个组织的最小循环单元为一个完全组织。方格内的不同符号代表不同的颜色，如图1-11（a）所示，也可以直接用不同颜色填入各方格内，这样能更直观地表达花纹的形态，如图1-11（b）所示。

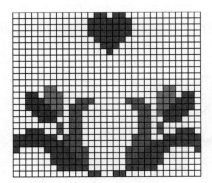

（a）符号表达的花纹意匠图　　　　　（b）颜色表达的花纹意匠图

☒—红色　▢—蓝色　□—白色

图1-11　花纹意匠图

纱线在织物内以线圈、悬弧和浮线三种形式存在。

① 成圈：纱线编织成线圈。

② 集圈：织针钩住喂入的纱线，但不编织成圈，纱线在织物内呈悬弧状。

③ 浮线：织针不参加编织，纱线没有喂入。

结构意匠图是将成圈、集圈和浮线用规定的符号在方格纸上表示出来，多用于表示单面织物（图1-12）。

×		o	o		×
·	×	o	·	×	·
o		×	×		o
o		×	×		o
	×		o	×	·
×		o	o		×

图1-12　结构意匠图

☒—正面线圈　☐o—反面线圈

☐—集圈悬弧　☐—浮线（不编织）

3. 编织图

编织图是将织物的横断面形态，按编织的顺序和织针的工作情况，用图形来表示的一种方法。表1-1是针织物编织图的表示方法。

表1-1　编织图的表示方法

编织方法	织针	表示符号
成圈	针盘织针	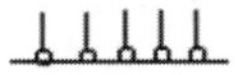 ꝙꝙꝙꝙꝙ
	针筒织针	 ԉԉԉԉԉ
集圈	针盘织针	 ʌʌʌʌ
	针筒织针	 vvvv
浮线	针盘织针	 ꝙꞁꝙꞁꝙ
	针筒织针	 ꞁԉꞁԉꞁ
抽针	—	 ❘ ∘ ❘

编织图适用于大多数纬编针织物，尤其是双面纬编针织物（图1-13、图1-14）。

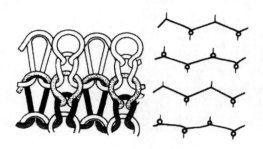

图1-13　半畦编组织编织图

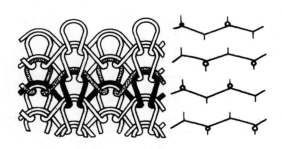

图1-14　畦编组织编织图

第三节 常见纬编针织物及其特征

一、纬编基本组织及特征

1. 纬平针组织

纬平针组织（Weft Plain Stitch），又称"平针组织"，由连续单元线圈向一个方向串套而成，是单面纬编针织物中的基本组织（图1-15）。

纬平针组织的特性：

① 线圈歪斜：在自由状态下，线圈发生歪斜，使线圈横列和纵行不相互垂直。产生的原因为纱线的捻度不稳定力图解捻。解决方法是可以采用低捻和捻度稳定的纱线或采用两根捻向相反的纱线。

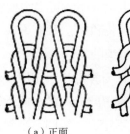

（a）正面　　　　（b）反面

图1-15　纬平针组织

② 卷边性：纬平针织物有明显的卷边性，宽度方向向反面卷，长度方向向正面卷。产生的原因为弯曲纱线弹性变形的消失。

③ 脱散性：纬平针织物具有纵横向脱散性。横向顺逆编织方向均可脱散；纵向当纱线断裂，线圈沿纵行从断裂纱线处顺序脱散，也称"梯脱"。

④ 延伸性：纬平针织物在外力拉伸作用下产生伸长的特性，横向延伸性大于纵向。

2. 罗纹组织

罗纹组织（Rib Stitch）是由正面线圈纵行和反面线圈纵行以一定的组合相间配置而成的双面纬编基本组织。每一横列由一根纱线编织而成，在自由状态下，正面线圈纵行遮盖部分反面线圈纵行（图1-16），主要用于领口、袖口、下摆或紧身弹力衫裤等。按正反面线圈纵行的配置比例，用数字1+1、2+2、3+2等表示。

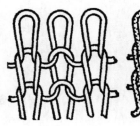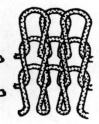

（a）横向拉伸状态　　（b）自由状态

图1-16　罗纹组织

罗纹组织的特性：

① 弹性和延伸性：罗纹组织纵向延伸性类似于纬平针组织，横向具有较大的弹性和延伸性。

② 脱散性：罗纹组织只能沿逆编织方向脱散，纵向与纬平针类似，会发生梯脱。

③ 卷边性：正、反线圈纵行相同（如1+1、2+2等）的罗纹组织，因造成卷边的力

彼此平衡，基本不卷边；正、反线圈纵行不相同（如2+1、2+3等）的罗纹组织，存在微卷边，但卷边现象不严重；正、反线圈纵行数值差异较大（如4+5、4+1等）时，长度方向会存在类似平针组织的卷边。

3. 双罗纹组织

双罗纹组织（Interlock Stitch）是由两个罗纹组织彼此复合而成的双面纬编组织，在一个罗纹组织线圈纵行之间配置了另一个罗纹组织的线圈纵行，主要用于棉毛衫裤、休闲服、运动装和外套等（图1-17）。

双罗纹组织的特性：

① 延伸性与弹性均小于罗纹组织。

② 只逆编织方向脱散，脱散性较小。

③ 布面不卷边，线圈不歪斜。

④ 织物表面平整、结构稳定、厚实、保暖性好。

4. 双反面组织

双反面组织（Purl Stitch）是由正面线圈横列和反面线圈横列相互交替配置而成。主要用于生产毛衫类产品。双反面组织线圈圈柱由前至后，再由后至前，导致线圈倾斜，使织物的两面都是圈弧突出在前面，圈柱凹陷在里面，在织物正反两面，看上去都像纬平针组织的反面，所以称为"双反面组织"（图1-18）。

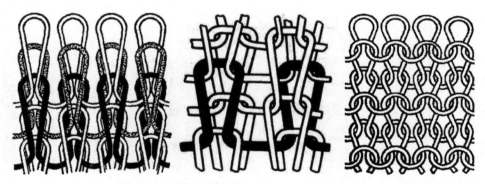

图1-17　双罗纹组织　　　　　　　　图1-18　双反面组织

双反面组织的特性：

① 顺、逆编织方向均可脱散。

② 圈柱从前到后，纵向延伸大，使纵横向延伸性相近。

③ 纵向密度增大，厚度增加。

④ 织物有凹凸感，通过线圈的不同配置可得到凹凸花纹。

⑤ 卷边性随正、反面线圈横列的组合不同而不同。

二、纬编花式组织及特征

1. 提花组织

提花组织（Jacquard Stitch）是将纱线垫放在按花纹要求所选择的某些织针上编织成圈，而未垫放纱线的织针不成圈，纱线呈浮线，位于这些不参加编织的织针后面形成一种花色组织。其结构单元为线圈+浮线（图1-19）。提花组织分为单面提花和双面提花。单面提花组织又分为均匀提花与不均匀提花。

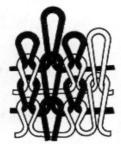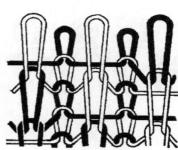

（a）单面均匀提花组织　　　　（b）单面不均匀提花组织　　　　（c）双面提花组织

图1-19　提花组织

提花组织的特性：

① 由于浮线的存在，织物延伸性小。

② 脱散性小，织物厚，平方米克重大。

2. 集圈组织

集圈组织（Tuck Stitch）是一种在针织物的某些线圈上，除套有一个封闭的旧线圈外，还有一个或几个悬弧的花色组织。其结构单元为线圈+悬弧（图1-20）。根据地组织，集圈组织也分为单面集圈和双面集圈。

集圈组织的特性：

① 利用集圈形成较多的花色效应（色彩效应、网眼、凹凸、闪色效应等）。

② 脱散性较平针组织小（织防脱散横列）。

③ 耐磨性比平针组织、罗纹组织差，而且容易抽丝。

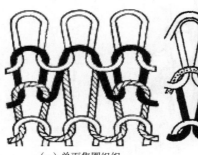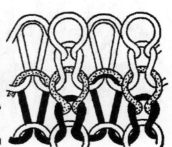

（a）单面集圈组织　　　　（b）双面集圈组织

图1-20　集圈组织

④ 厚度较平针组织与罗纹组织的大。

⑤ 横向延伸较平针组织与罗纹组织差。

⑥ 断裂强力比平针组织与罗纹组织差（线圈受力不均）。

（a）平针添纱组织

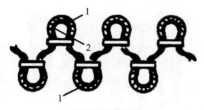

（b）罗纹添纱组织

图1-21　添纱组织

1—面纱　2—地纱

3. 添纱组织

添纱组织（Plating Stitch）是指织物上的全部线圈或部分线圈由两根纱线形成的一种组织（图1-21）。添纱的目的主要有织物正反面具有不同的色泽与性能，如丝盖棉；使织物正面形成花纹；采用不同捻向的纱线编织时，可消除针织物线圈歪斜，还可增加织物的耐磨性。

添纱组织的特性：

① 添纱组织的线圈几何特性基本上与地组织相同。

② 部分添纱组织延伸性和脱散性较地组织小，容易引起勾丝。

4. 衬垫组织

衬垫组织（Fleecy Stitch）是以一根或几根衬垫纱线按一定的比例在织物的某些线圈上形成不封闭的悬弧，在其余的线圈上呈浮线停留在织物反面的一种花色组织（图1-22）。其结构单元为线圈、悬弧与浮线。衬垫组织主要有平针衬垫组织和添纱衬垫组织。

平针衬垫组织以平针为地组织。如图1-22中1为地纱编织平针组织，2为衬垫纱，它按一定的比例编织成不封闭的圈弧悬挂在地组织上。

添纱衬垫组织（图1-23）中面纱和地纱编织平针组织，衬垫纱夹在面纱和地纱之间。这样衬垫纱不显示在织物的正面，从而改善了织物的外观。

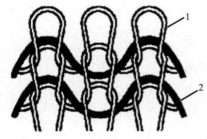

（a）线圈结构图

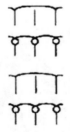

（b）编织图

图1-22　平针衬垫组织

1—地纱　2—衬垫纱

衬垫组织的特性：

① 织物表面平整，保暖性好；

② 横向延伸性小，织物尺寸稳定。

5. 衬纬组织

衬纬组织（Weft Insertion Stitch）是在纬编基本、变化或花色组织的基础上，沿纬向衬入一根不成圈的辅助纱线而形成的（图1-24），一般为双面结构。

衬纬组织的特性：

① 衬纬组织的特性取决于地组织及纬纱的性质。

② 织物结构紧密，尺寸稳定，延伸性小，保暖性好。

③ 当纬纱采用弹性纱线时，裁剪时容易回缩。

图1-23 添纱衬垫组织
1—地纱 2—面纱 3—衬垫纱

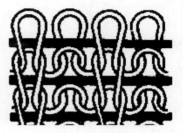

图1-24 衬纬组织

6. 毛圈组织

毛圈组织（Terry Stitch）是由平针线圈和带有拉长沉降弧的毛圈线圈组合而成的一种花色组织（图1-25）。其结构单元为毛圈线圈+拉长沉降弧的毛圈线圈，适用于毛巾、睡衣、浴衣以及休闲服等。

毛圈组织的特性：

① 毛圈组织具有良好的保暖性与吸湿性。

② 产品厚实，柔软。

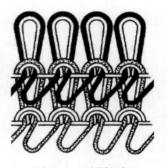

图1-25 毛圈组织

7. 纱罗组织

纱罗组织（Loop Transfer Stitch）是在纬编基本组织的基础上，按照花纹要求将某些针上的针编弧进行转移，即从某一纵行转移到另一纵行（图1-26）。纱罗组织，又称为移圈组织，有单面纱罗组织和双面纱罗组织。

纱罗组织的特性：

① 纱罗组织可以形成孔眼、凹凸、纵行扭曲等效应。

② 透气性好。

③ 移圈处线圈圈干倾斜，两线圈合并处针编弧重叠。

④ 纱罗组织的移圈原理可用来编织成型针织物。

⑤ 改变组织结构（单面改为双面或双面改为单面）。

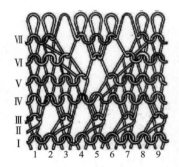

（a）单面纱罗组织网眼效果

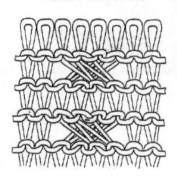

（b）单面纱罗组织绞花效果

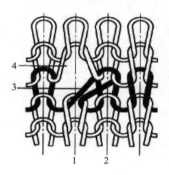

（c）双面纱罗组织

图1-26　纱罗组织

8. 波纹组织

波纹组织（Racked Stitch）是由倾斜线圈形成波纹状的双面纬编组织（图1-27）。有罗纹波纹组织和集圈波纹组织。罗纹波纹组织是在编织1+1罗纹时，每一横列交替地将一个针床相对于另一针床向左或向右移一个针距，形成具有曲折效应的线圈纵行。集圈波纹组织是以畦编组织为基础组织，在织物正面形成曲折花纹，反面为直的纵条纹。

波纹组织的特性：

① 可以形成纵行扭曲波纹效应。

② 透气性好。

③ 前、后针床相对移动，前、后床线圈圈干交错倾斜。

9. 长毛绒组织

长毛绒组织（Plush Stitch）是在编织过程中用纤维束或毛绒纱与地纱一起喂入而编织成圈，同时纤维以绒毛状附在针织物表面的组织，又称为"人造毛皮"（图1-28）。分为普通长毛绒和提花或结构花型的长毛绒，适用于服装、玩具、拖鞋、装饰品等。

长毛绒组织的特性：

① 纤维留在织物表面的长度不一，可以做成毛绒和毛干两层。

② 手感柔软，比天然毛皮轻。

③ 保暖性和耐磨性好，不易被虫蛀。

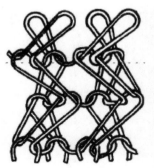

（a）罗纹波纹组织

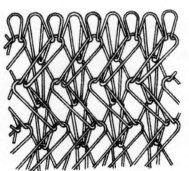

（b）集圈波纹组织

图1-27　波纹组织

图1-28　长毛绒组织

第二章

Stoll 电脑横机及其设计软件的介绍与操作

PART 2

电脑横机是高科技产物，集机械、电子技术、计算机数字控制、伺服驱动、针织工艺等技术为一体，可以编织一些非常复杂、手工编织和手摇横机无法完成的针织衣片组织，是毛衫生产行业的主要应用机种。

自从1589年，英国人威廉·李发明了第一台针织机，针织服装由传统的手工编织转向工业化生产。1873年，德国人海因里希·斯托尔（Heinrich Stoll）发明了世界上第一台能编织双反面组织的手摇针织横机，由此引发了针织横机的产业革命。针织手摇横机与手工编织相比有很多优点，如产量高、耗时少、质量稳定。到20世纪初，机械式手摇横机由于性能可靠、操作简化、维护方便，成为针织服装生产行业的主要机种。如图2-1所示是较常见的手摇针机横机。随着科技的发展，半自动和机械全自动横机相继诞生，但是这些机器也有诸多缺点，比如只是利用传动机构减轻了人工操作的强度，不能实现收放针自动化，而且在花型设置上也有诸多限制，仍然无法完全取代手摇横机。

20世纪七八十年代，电子信息技术广泛发展，随后计算机技术和机电一体化技术的发展更为兴盛，技术稳定、生产高效的电脑针织横机诞生。随着技术的进步和科技的更新，电脑横机技术也不断革新，发展日新月异，如日本岛精公司的"整体服装"概念、德国斯托尔（Stoll）公司的"织可穿"技术以及津田驹公司的无三角横机等。近年来，在各种纺织机械展览会上，电脑横机不断以新面貌示人，创意层出不穷，技术细节不断改进，发展显著。如图2-2所示是德国斯托尔公司系列电脑针织横机（以下简称Stoll电脑横机）。

图2-1　手摇针织横机

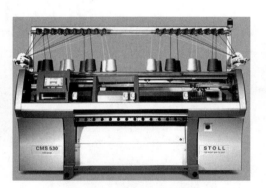

图2-2　Stoll针织电脑横机

2000年以前，我国电脑横机以进口为主，主要是德国Stoll电脑横机和日本岛精电脑横机，国产电脑横机的发展几乎是一张白纸。21世纪后，经过十多年的发展和磨炼，国产电脑横机从无到有、由小到大、由弱到强，实现了大跨步式的发展和进步。随着国产电脑横机的快速发展兴盛，我国自主品牌慢慢崛起，技术也趋于成熟、完善，不仅实现了进口替代目标，并逐渐发展为全球最大的电脑横机生产国。

总而言之，电脑横机的出现是针织服装业的一次重大革命，它不仅实现了全自动电脑控制，在设计花型、组织结构和产品质量等方面都有了质的飞越。从编织衣片到生产全成形产品，电脑横机简单易操作，在花型设计上更是千变万化，这也间接地促进了针织服装款式、板型、花型图案的发展变化，使针织服装真正实现了以内穿为主向时装化发展的大跨越。

第一节　Stoll电脑横机CMS系列编织结构和操作规程

一、Stoll电脑横机的编织结构

Stoll电脑横机中的选针、三角变换、密度调节和牵拉速度调整等，凡是与编织有关的动作都是由事先编制的程序控制的，由电脑控制系统发出信号实现机器的驱动。电脑横机的内部配置与形成织物组织的种类有着密切的关系，不同系列的机器有着不同的编织结构，所能形成的织物组织也千差万别。所以，在进行创作之前，对机器的内部编织结构有充分的了解，才能更明确织物组织的设计原理，更利于实践操作和设计。电脑横机中电子选针器分为单极式和多级式，根据采用的电子选针器的不同，编织结构也不同。相对而言，单极电子选针的编织机构有许多优点，这是因为单极电子选针对选针器的电磁特性要求很高，对其相关机件的精度和配合要求更高。德国Stoll电脑横机CMS系列采用的是单极选针方式。这种高精度的选针方式使织物组织肌理的设计有更多可能性。下面以Stoll电脑横机CMS 530机型为例，介绍设备系统组成及各部分的功能。

1. 导纱系统

穿纱工艺路线如图2-3所示，纱线由放置在筒子架上的纱筒1引出，经过导纱环2穿入纱线控制装置3，再经过积极式送纱装置4穿入左右侧张力器5，经过导纱转换杠6穿入导纱器7。积极式送纱装置的优点是可以减小纱线张

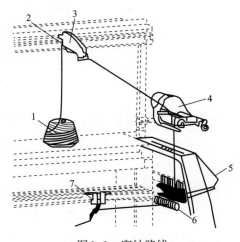

图2-3　穿纱路线

力、平衡纱线张力。当编织张力过大，纱线紧贴在送纱辊上，摩擦力大，送出纱线量多，从而编织张力下降；当编织张力过小，纱线松贴在送纱辊上，摩擦力小，送出纱线量少，从而编织张力上升。

导纱系统共有8根导纱器导轨，从前向后依次是1~8号；每根导纱器导轨可左右两侧各安装一个导纱器，共有16个导纱器，从前向后依次是左1、右1、左2、右2……每个导纱器使用独立的夹切纱装置。

穿纱位置为一般弹力纱穿在左2的导纱器，废纱穿在右1的导纱器，罗纹纱穿在右2的导纱器。如果采用同一纱线编织大身和下摆罗纹，则不需要罗纹纱。各纱线间由里到外呈扇形分布，相互间不能交错。

纱线控制装置的功能为断纱自停、检测纱线（大接头和小接头）以及张力控制。

左右侧边簧张力控制穿纱且处于工作状态的边簧须打开，并把红色按钮调节至适宜的数值位置。数值越大，张力越大（一般在1~2处）。非工作状态的边簧无须打开，红色按钮的数值位置在0。

2. 针床结构

电脑横机采用织针1、挺针片2、中间片3、选针片4和沉降片等配置机件，使得针织物组织肌理更丰富多变。如图2-4所示是Stoll电脑横机CMS系列一个针床的截面图，由图可知舌针与选针机件之间的关系非常密切。

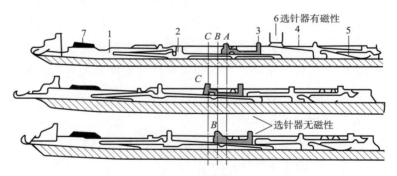

图2-4　针床截面

织针1由塞铁7压住，工作时由挺针片2推动上升或下降。中间片3在挺针片2上面，并有两个片踵，下片踵在三角作用下推动中间片，使之处于不同的高度，从而促使上片踵处于A、B、C三种不同位置，如图2-4所示，进而使织针处于不同的工作状态。A位置：挺针片片踵被压入针槽不受三角作用，此时织针不编织；B位置：挺针片片踵从针槽中露出，可以受三角作用，织针参加编织（织针集圈或接圈）；C位置：挺针片片踵从针槽中露出，可以受三角作用，织针参加编织（织针成圈或移圈）。选针片

4受电磁选针器6作用，吸住时，织针不工作；释放时，和选针片4镶在一起的弹簧5使选针片4的下片踵向外翘出，选针片在相应三角的作用下向上运动，推动中间片到B或C位置，挺针片片踵向外翘出，可以与三角作用，推动织针工作。成圈、移圈、集圈、局部编织等织物所展现的成型效果都是由一个个织针动作的改变来实现的，这些细微的变化可以形成千变万化的肌理效果，而这些都是由电脑横机不同部位的机件配置控制，这些机件各自独特的性能和作用是针织物形成风格各异肌理的基础。

3. 三角系统

电脑横机的机头内有一个或多个编织系统，Stoll电脑横机CMS系列三角编织系统的结构设计巧妙，如图2-5所示是Stoll电脑横机CMS系列三角系统平面结构。根据三角作用对象的不同，主要分为三部分：作用于挺针片的三角、作用于中间片的三角、作用于选针片的三角。作用于不同部位的三角各司其职，使织针处于不同位置和工作状态，从而完成编织动作。

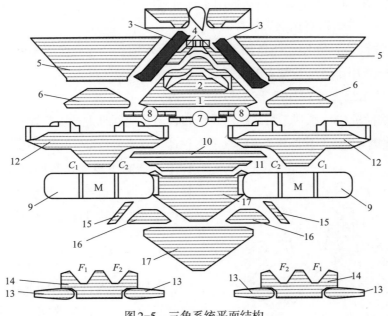

图2-5　三角系统平面结构

三角系统结构各部位的功能如下：

① 挺针片起针三角1，使织针上升做集圈、成圈动作。

② 接圈三角2和起针三角1同属一个整体，将织针推到接圈高度。

③ 压针三角3除压针作用外，还有移圈功能。

④ 挺针片导向三角4起导向和收针作用。

⑤上、下护针三角5、6起护针作用。移圈时，上护针三角5还起压针作用。

⑥集圈压条7和接圈压条8是作为一体的活动件。

⑦选针器9由永久磁铁M和选针点C_1、C_2组成。选针点可通过电信号的有无使其有磁或消磁。先由M吸住选针片的片头，如果选针点未被消磁（不中断），相应的织针就未被选上不参加工作；如果选针片头被消磁释放（中断），相应的织针就被选上参加工作。C_1点中断，则中间片到C位，可完成成圈或移圈；C_2点中断，则中间片到B位，完成集圈或接圈。

⑧中间片走针三角10、11，可使中间片下片踵形成三个针道。当中间片的下片踵沿三角10的上平面运行时，织针可处于成圈或移圈位置；当中间片的下片踵在三角10和11之间通过时，织针处于集圈或接圈位置；当中间片的下片踵在三角11的下面通过，则织针始终处于不工作位置。

⑨12为中间片复位三角。

⑩13为选针片下片踵复位三角，供选针器作用、选针。

⑪选针三角14、两个起针斜面作用于选针片的下片踵：F_1——第一选针点选上选针片；F_2——第二选针点选上选针片。

⑫选针片挺针三角15、16作用于选针片的上片踵。15——作用于第一选针点的选针片；16——作用于第二选针点的选针片。

⑬选针片压针三角17作用于选针片的上片踵。

Stoll电脑横机CMS系列三角系统的设计相较于其他横机更精细巧妙，只有挺针片压针三角3、集圈压条7和接圈压条8可以上下移动，其余机件都是固定不变的。这样的设计不仅能减少机器运行时产生的噪声和损耗，还可以使机器的工作精度大大提高，为各种花型肌理的设计提供可能和便利。

4. 牵拉系统

牵拉系统通过在织针上升时下拉织物，抑制握持在针钩内的线圈向上涌动的趋势，保证线圈从针舌上脱下，从而顺利成圈，同时卷绕收集织物。在电脑横机中，牵拉系统可以实现提高编织效率、改进织物质量和扩大花型范围的目的。

（1）牵拉沉降片。牵拉沉降片如图2-6所示。沉降片配置在两枚织针中间，位于

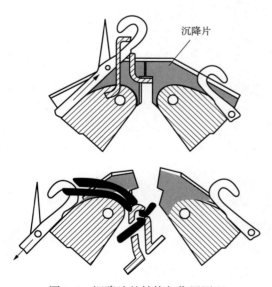
图2-6 沉降片的结构与作用原理

针床的齿口部分的沉降片槽中。两个针床上的沉降片相对排列，沉降片片踵与机头上的一个三角轨道齿合，由三角控制沉降片片踵，使沉降片前后摆动。当织针上升退圈时，前后针床中的沉降片闭合，握持住织物；当织针下降弯纱成圈时，前后沉降片打开，为脱圈做准备。横机的沉降片，可实现对单个线圈的牵拉和握持并可作用在成圈的整个过程中，有利于在空针上起头、成型产品的编织、连续多次集圈和局部编织。

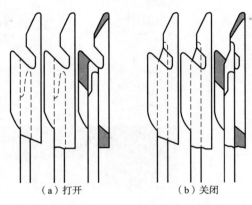

（2）牵拉梳。在编织织物第一横列时，牵拉梳向上运动，上端的梳针插进新形成的线圈。这时牵拉梳随着新横列的编织慢慢向下引导织物到达牵拉辊，之后由牵拉辊承担牵拉作用。牵拉梳打开和关闭如图2-7所示。

（a）打开　　　　（b）关闭

图2-7　牵拉梳的打开和关闭

（3）牵拉辊。牵拉辊由大、小罗拉组成，在织物上施加一个可控制的张力，在织针向退圈位置运动过程中抑制旧线圈上涌的趋势，同时当机器上织物增加新横列时起卷绕、收集织物的作用，如图2-8所示。

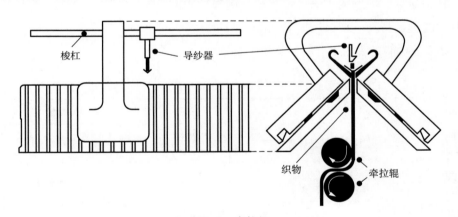

梭杠　　　导纱器

织物　　牵拉辊

图2-8　牵拉辊

二、Stoll电脑横机的操作规程

1. 菜单窗口

Stoll电脑横机CMS 530的设备主窗口界面如图2-9所示。

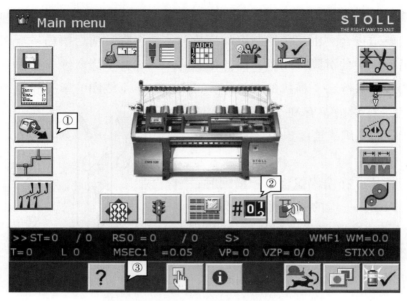

图2-9　Stoll CMS 530 主窗口界面

各部分功能如下：

① 菜单：输入输出信息。

② 状态显示：辅助输入信息，有选择键等功能。

③ 功能键：帮助、窗口切换等功能。

主要按键功能见表2-1。

表2-1　主要按键功能

按键	功能	按键	功能
	读入、保存数据		编辑编织程序
	机速		线圈密度
	修正横移		编织区域
	机器设定		维修
	创建花型		启动程序
	手动干预		松开夹纱装置
	导纱器		主牵拉

主窗口中②是状态栏，其说明见表2-2。

表2-2　状态栏符号说明

状态符号	代表的意思
<< >>	当前机头方向
ST=n/m	n处代表还没有织完的衣片数；m处代表设定需编织的总衣片数
SPE	机头空走
T=n	机头走了n行
Ln	机头正在执行Sintral第n行程序
MSEC=n	当前机速为n米/秒
VP=0	当前行后床摇床位置［最多左右各2英寸（5.08厘米）］
WM=n	当前行牵拉值为n
WMFn	当前行用了第n段牵拉

2. 上机过程

（1）电脑横机的启动。打开机器旋钮主开关，启动电脑横机后，出现启动界面。选择"冷启动（Restart）"，在启动过程中，系统将删除当前编织信息以及基本编织参数配置等。机器启动后，机头、横移机构、自动切夹纱装置、牵拉梳装置等要做基准运动。其操作如下：

① 第一步：选择界面的"冷启动（Restart）"按键。

② 第二步：做基准运动（牵拉梳基准和三角运动基准）。基准运动（SR!<SR!>）选择机头基准方向，做牵拉梳基准，上抬黄色操纵杆完成三角运动基准。基准完成后，机头停止运行，停止位置与关机前的状态有关。

③ 第三步：输入999行（机头编织空行，对冷启动才有效）。在"Sintral"窗口中键入"999 <> W0 V0 S0"，并且确认输入信息。

④ 第四步：在"启动机器"窗口中选择"SPF（启动程序，运行固定行）"，并修改机速。

⑤ 第五步：上抬黄色操纵杆运行999行，机头运动到右侧停止，待后针床横移基准完成后，上抬黄色操作杆，让机头停在机器的左边，然后加载程序即可运行编织。

若选择"热启动"，则机器启动过程中，机器保留最近一次关机时的所有信息，机器启动完成后，可以直接进入编织状态。若突然因为断电而没有完成当前衣片的编织时，重新启动机器后要选择这种方式，然后完成编织。

如果机器处在开启的状态，可以上抬黄色操作杆，运行机器；放下黄色操作杆可以停止机器运行。上抬黄色操纵杆，握持以控制机速，黄色操纵杆越高，机速越快。

（2）读入新花型程序。

① 在机器主菜单窗口，确认窗口状态栏中的机头方向是"＞＞"（从左向右），若不是，则点击功能键"启动机器" ，进入启动机器界面，如图2-10所示，点击机头空走键"SPF SO"，让机头空走到机器的左侧，机头方向显示为"＞＞"。

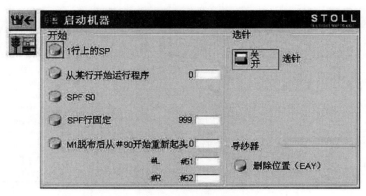

图2-10 "启动机器"界面

② 点击主菜单"读入/保存数据"键 ，进入"导入＆保存"窗口，务必全选"SIN/JAC/SET"。

Sintral 文件：控制三角、导纱器和针床。

Jacquard 文件：控制选针。

Set-up 文件：控制机速、导纱器、牵拉、线圈密度等。

③ 选择数据载体。

"从U盘读入程序"，路径显示为"Path: H:\"。

"从D盘读入程序"，路径显示为"Path: D:\MUSTER"（D盘是横机主机盘）。

④ 从列表窗口中选中要读入的新花型程序。

⑤ 点击"读入程序"按钮，把选中的新花型程序读入并保存在机器中。

⑥ 确认选择，如果出现"是否覆盖***花型"对话框，确认按"1"，取消按"0"。确认后横机开始读入并覆盖原先的花型程序，完成后窗口显示"胜利读入"。

⑦ 返回主菜单。

（3）检验新花型程序。在主菜单窗口的标准功能键 中，点击"调出用于输入直接命令的命令行和输出"键，进入"调出用于输入直接命令的命令行和输出"窗口，输入直接指令"TP"后点击回车键，如果新花型程序正确，检验结束后出现"TP OK"。

（4）编辑新花型程序（检查导纱器配置）。在主菜单窗口点击"进行编织程序的编辑"键 ，进入"进行编织程序的编辑"窗口，程序中的第50行是导纱器的穿纱语句：50 YGC: 2=A，3=C，5=D /1=B，4=E。表示左2导纱器是穿入A色纱，左3导纱器是穿入C色纱，左5导纱器是穿入D色纱；右1导纱器是穿入B色纱，右4导纱器是穿入E色纱。其中左2导纱器是弹力纱，右1导纱器是废纱，其余C、D、E三色纱线编织下摆罗纹和大身。

（5）运行新花型程序。

① 直接操纵红色操纵杆，先缓慢向外抬动一半不放，机头开始慢速运行，待机头运行稳定后，再向外抬动全程放开，机头正常运行开始编织。

② 点击主菜单"启动机器"功能键，进入"启动机器"界面，点击"1行上的SP"，机头正常运行开始编织。

（6）纱线故障消除。

① 若编织过程中发生纱线故障，如大小结头、张力松弛等，则消除故障后，点击主菜单标准功能键"确认信息（'故障消除'键）"再继续运行程序。

② 若编织过程中发生纱线断线故障，则须先中断花型程序的执行：点击主菜单"启动机器"功能键，进入"启动机器"界面，点击机头指令"SPF SO"后，向外抬动红色操纵杆，使机头把导纱器带出编织区，待自动停机后再一次向外抬动红色操纵杆使机头空走进行刷片，刷片完成机头停于左侧，机头方向显示为">>"。人工消除故障后，打开机器正下部挡板，从牵拉梳上取出废织片，再按上述步骤，重新运行新花型程序。

（7）刷片。若织片在编织过程中出现问题而无法继续编织时，需要将织片从机器上取下来，称为"刷片"。刷片方法如下：

① 检查机头方向，确保机头方向是从左向右；同时检查针床横移位置，确保其处于初始位置。

② 停止机器运行。

③ 点击"启动机器"窗口中的"1行上的SP"按钮或"从某行开始运行程序"按钮。

④ 上抬操作杆，运行机器，机器将编织区域内的导纱器带出编织区域并执行夹纱动作；然后编织系统在整个针床上执行脱圈编织动作。

⑤ 当牵拉梳下降且挡板关闭时，停止机器运行，并确保机器的机头方向从左向右。同时取出织片，清理完挡板上的纱线。

（8）停机、落片。程序编织结束时，机器将自动停机、落片。由于编织织片的尺寸有大有小，所以编织完成后织片在机器内的位置有如下两种情况：

① 织片较小时，编织完成后织片尚在牵拉梳上，点击主菜单功能键"牵拉梳"，进入"牵拉梳"窗口，点击"牵拉梳基准运行"键，后打开机器正下部挡板，从牵拉梳

上取出织片，注意牵拉梳不能有剩余纱段。

② 织片较大时，编织完成后织片已由牵拉梳过渡到主牵拉罗拉，反复上抬操纵杆，织片会自行落下，取出即可。

（9）关机。关机前首先停止机器运行，注意停止机器运行时要确保机头在机器的左侧，牵拉梳回到基准位置，导纱器回到初始位置，机头停在机器的左边，并且机头运行方向向右。

关机的方法有两种，第一种方法是直接下旋主开关旋钮；第二种方法是使用触摸屏上的窗口关机，进入"停机"窗口，如图2-11所示。此窗口有四个选项，分别代表不同的方式：

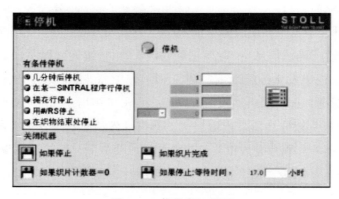

图2-11　停机窗口界面

① 如果停止：若选择此按钮，机器将在机头停在左侧时关机。

② 如果织片计数器=0：完成设定织片数后关机。

③ 如果织片完成：编织完当前的织片后关机。

④ 如果停止，等待时间：等待设定的时间后关机。

若是在非正常状态下的关机，机器重新启动后，要仔细观察后针床位置、牵拉梳位置、是否在选针状态，确认后方可进行机器操作。

第二节　Stoll电脑横机M1 Plus程序设计系统

随着计算机技术的快速发展，电脑横机不仅在控制方面的功能越来越强大，而且在程序设计系统方面的功能也越来越完善，系统界面的设计更加人性化，操作和使用也更加方便。不同厂家生产的电脑横机所配带的程序设计系统也不相同，国产电脑横机中使用较多的是 CKM 系列制板软件，此外还有在 Windows 操作系统下的 Logica 程序设计软件和 Raynen 花型设计系统。

2007 年，德国斯托尔公司在德国慕尼黑国际纺织机械展览会上推出了 M1 Plus 设计软件，它是继 Sirix 之后推出的新的设计系统，是 M1 的升级版，在"工艺"方式设计的基础上，增加了"设计"方式设计，适用于 Stoll CMS 系列任何机型。M1 Plus 设计软件中有各种设计好的标准模块，可以直接拿来使用，还可以创建自己的模块，设计各种新型的织物组织结构。M1 Plus 设计软件的人性化设计还体现在编程时可以便捷地改变工艺参数，一般是在工艺数据行和相应的对话框中输入、修改或选择工艺参数，如密度、牵拉、速度等。这些更新的功能使程序在使用时更舒服、便捷，还节省了大量的劳动时间，使作图更加自由流畅，让用户轻松地完成复杂的设计。下面主要针对 M1 Plus 程序设计软件的操作与界面功能进行介绍。

一、新建花型

打开花型软件 Stoll M1 Plus（7.2.031），左击菜单栏中的"文件"，出现下拉式菜单，左键双击"新花型"（或点击组合键 Ctrl+N），打开"新花型"窗口如图 2-12 所示。

（1）输入花型名称。在"花型名称"栏中输入花型名称，花型名称只能以数字或英文字母命名，每一次编程就有一个花型名称。

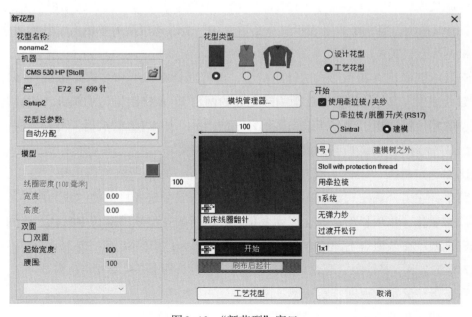

图 2-12　"新花型"窗口

（2）选定机型。点击位于"机器"栏右侧的文件夹，出现"选择机型（机器管理器）"窗口，在三个选择栏中的"Stoll机器列表"中选定电脑横机型号，如图2-13所示。

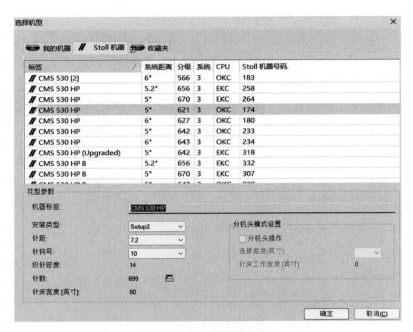

图2-13 Stoll机器列表窗口

Stoll电脑横机主要是以CMS系列为代表，其型号系列为：CMS 530 xx，第一个数字表示针床长度，"5"为50英寸（127cm）；第二个数字表示每个机头的编织系统数，"3"为3个编织系统；第三个数字表示机头个数，"0"表示该机型为单机头，其他数字则表示该机型为双机头。

Stoll电脑横机有两种形式的针距机型，即普通针距机型和多针距机型。多针距为针距数后面带".2"的机型（针距为针距数的两倍），多针距机型的织针针钩比普通针距机型的织针针钩粗，因此能编织多种针距的产品，如E7.2的机器，可以在同一织物上织出E7针到E14针的所有效果。

比如选定机型"CMS 530 HP 5"，分级"621"，右击所选机器出现"建立我的机器"菜单，左击"确定"，"CMS 530 HP 5"即进入三个选择栏中的"我的机器"。如果机型没有变化，该项机型选择也无须变化，在以后的花型软件运行中默认"我的机器"为选定机型。在该窗口下部的"花型参数"中依次为："安装类型"选"Setup2"；"针距"选"7.2"（.2表示多针距，理论针距是7～14，实际针距是7～12）；"针钩号"选"10"。选定后左击"确定"返回"新花型"窗口。

（3）选择花型总参数。"花型总参数"选择"自动分配"。

（4）选择花型类型。"花型类型"有三种：从左到右的图标依次是坯布编织、全成形编织和织可穿编织，根据需要选择。

（5）选择编织行数和针数。根据编织要求确定（此处行数不包括下摆罗纹行）。

（6）选择编织的地组织。在深蓝色示意编织区中有4种地组织，以下拉式菜单显示，分别是"前床线圈翻针"，即在前针床编织的平针组织；"后床线圈翻针"，即在后针床编织的平针组织；"前床线圈—后床线圈"，即在前、后针床编织的满针罗纹组织；"无织针动作"即编织罗纹后不再编织。也可从下侧的"模块管理器"中选择一种结构建模直接拖入该区域作为地组织。

（7）选择设计花型或工艺花型。"工艺花型"适宜编织较为简单的花型，是利用M1 Plus花型软件中现有的花型模块，只要加以排列组合、局部修饰即可；"设计花型"适宜编织较为复杂的花型，是根据纬编编织原理来设计织针和针床的动作及顺序。一般初始设计者多采用"工艺花型"，该模式可以直接采用"织针动作"中的各个工具进行创作，还可以较直观地观察到织物组织的设计状态。

（8）选择"开始"选项。在"使用牵拉梳"选项框上打钩，可选项中选择"建模"，即使用模块管理器中建模来设计坯布、全成形和织可穿。

（9）在六个下拉式单选框中，选择如下：

① 如编织罗纹时，选择"Stoll标准"起头废纱较多；而"Stoll高性能"起头废纱较少，所以一般选择"Stoll高性能"。

② 选择"用牵拉梳"多用于编织满针罗纹、多针距1×1工艺（粗针罗纹）。

③ 选择"1系统"即使用一把导纱器编织罗纹（常采用）；而"2系统"是使用两把导纱器编织罗纹。

④ 选择"无弹力纱"即弹力纱不编织罗纹，适用于细针；而"有弹力纱"适用于粗针，但此时还须在机上设置"RS19=1"。

⑤ 选择"过渡开松行"适用于大身是单面组织；"双面过渡"适用于大身是双面组织；"分离纱集束"适用于没有罗纹下摆。该三项选项需根据大身是单面还是双面组织，下摆是否有罗纹作调整。

⑥ 选择"1×1"，下摆罗纹是1×1结构；选择"2×1"，则下摆罗纹是2×2结构。

二、M1 Plus的图形界面

1. 操作界面

M1 Plus的图形界面是用于编程的主窗口，该图形界面中的各部分单元功能如图2-14所示。

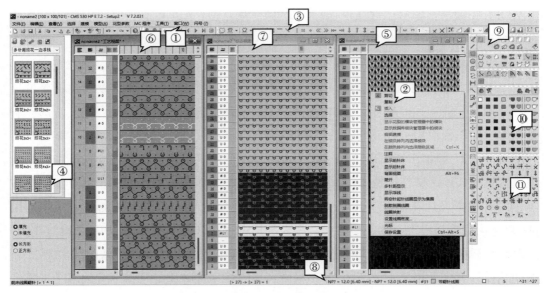

图2-14　M1 Plus的图形界面

①菜单栏：是一些命令列表（菜单项）。

②级联菜单：是菜单栏的二级菜单，当左击菜单栏中的某一项命令时显示，若二级菜单的命令行的右侧标有箭头，则该命令下还有三级菜单。

③工具栏：是一些按钮，可左击打开以进行常用的操作。

④建模框：可选择建模，各种建模组都可选择显示及编程。

⑤织物视图：显示花型的3D形式。

⑥工艺视图：显示所有出现在编织区的花型的织针动作。

⑦标志视图：以特定符号显示线圈结构及织针动作。

⑧状态栏和任务栏。

⑨MC程序处理框：是一些处理MC程序的功能按钮。

⑩纱线颜色框：是一些选择纱线颜色的功能按钮，左侧是编织的纱线颜色，右侧是特定的纱线颜色，如分离纱、牵拉梳纱和罗纹纱等。

⑪针法（织针动作）框：是一些针法的功能按钮，如前、后床线圈翻针，前、后床翻针集圈，前床线圈–后床线圈，前床线圈–后床集圈，前床集圈–后床线圈等。

2. 工具栏

（1）默认工具栏。如图2-15所示。

图2-15　M1 Plus默认工具栏

默认工具栏的功能如下：

① 新建▯：创建新花型。

② 打开▯：打开保存过的花型。

③ 保存▯：保存激活的花型。

④ 剪切▯：删除花型中的一个区域，同时将它保存在粘贴板上。

⑤ 拷贝▯：将所选区域作为花型单元存在粘贴板上。

⑥ 粘贴▯：在花型中插入一个花型单元。

⑦ 对称粘贴▯：在花型中插入一个对称花型单元（进入花型时使用"工艺花型"模式才被激活）。

⑧ 从区域中创建建模▯：从花型所选区域上创建得到新建模。下拉菜单中有两项选择（默认值和带所有空行：前者将取消没有动作的空行，后者保留所有的空行）。

⑨ 建模排列▯：在设计模式下修改建模的翻针顺序或编辑建模的翻针动作。

⑩ 颜色排列▯：在设计模式下用于花型或建模的颜色顺序编辑。

⑪ 撤销键入▯：撤销上一次操作。

⑫ 恢复键入▯：恢复上一次操作。

⑬ 帮助▯：显示帮助主题。

（2）缩放工具。如图2-16所示。

图2-16　缩放工具

缩放工具可根据所选显示比例将当前激活的窗口进行缩放。选择一个缩放比例，数字越大，显示内容越大。要想快速改变激活的窗口尺寸，可以使用键盘上的加号"+"（放大）和减号"—"（缩小）。

（3）绘图工具。如图2-17所示。

图2-17　绘图工具

① 画笔▯：用选中的光标功能徒手画图。

② 直线▯：可画任意方向的直线。

③ 长方形（正方形）▯：可选择填充或未填充的长方形或正方形。

④ 椭圆（圆）▯：可选择填充或未填充的圆或椭圆。

⑤ 多边形▯：可选择填充或未填充的多边形，双击确定终点。

⑥ 齿条▯：可画带拐点的曲线，可任意修改曲线角度，双击最终确定。

⑦ 填充行直到颜色改变 ：可整行、整列填充，遇到颜色或模块不同而中断。

⑧ 使用魔术棒填充 ：对相连或相同的模块进行操作，配合图形工具一起使用。选项有背景颜色、花型颜色、建模、模型标志、线圈长度、对角增长等。

⑨ 区域填充 ：先选择区域，再在选择的区域中填充光标所带的功能。

⑩ 多重复制 ：左键确定方向，点击可多次复制；换向用右键，结束点击Esc快捷键。

⑪ 插入边框 ：将选中的区域加边框，左击"围框"对话框，可以对一个选好的区域围色（先选择要填上去的颜色），再点击图标。

⑫ 写字 ：背景颜色可选透明和不透明。

⑬ 插入区域 ：在行数或列数上单击选择要插入的行或列，再点击"插入区域"，可以插入所选择的行或列，也可以插入空行或空列。

⑭ 删除区域 ：选中要删除的行和列或局部，用快捷键Delete删除。

⑮ 吸管 ：点击快捷键F5用于取（复制）模块，点击快捷键F6用于取（复制）颜色，可分别使用，也可同时按下一起使用。采用光标点到的颜色或模块来画图。

⑯ 查找替换 ：可在"整个花型"内或"选择区域"内进行颜色的查找、替换或对换。

⑰ 加（减）选：用"魔术棒"工具 配合Ctrl键可加选，配合Ctrl+Alt组合键，可减选。

⑱ 取消 ：取消光标所选中的图形、模块和颜色等功能。

3．视图窗口

（1）织物视图。"织物视图"是一个用于图形输入和花型仿真显示的窗口，如图2-18所示，它以线圈结构表示织物，类似前面所介绍的线圈结构图。左端第一列是花型行号，第二列是后针床横移对位行，第三列是选择行，包含隐藏行、显示所有行和选择行功能。点击左上角右键还有工艺行、花型行、循环、颜色排列、模块排列、横移和选择等控制项。

在后针床横移对位行中，"#"是针针对位，"N"是针齿对位，"U"是翻针对位。

"织物视图"的特点是直观，特别适用于放建模和检查花型的外观。当窗口很大不能看到整个花型而又想看到视图的左右或上下时，可以通过鼠标左键向左右或上下推动"滚动条"或点击边框上的小箭头，从而看到其他位置。

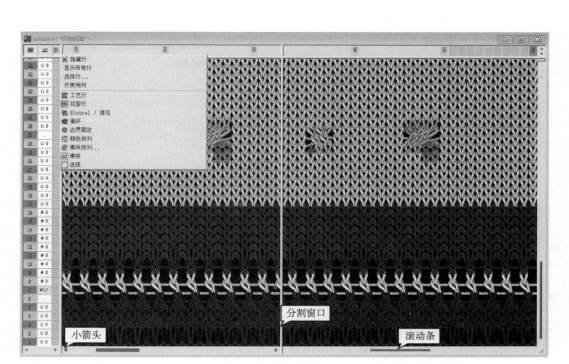

图2-18 "织物视图"窗口

（2）工艺视图。"工艺视图"是一个用于画图和显示花型选针的窗口，如图2-19所示，它以织针动作表示织物，类似于前面介绍的编织图。窗口左边第一列是工艺行号，即织针动作行号，每一个工艺行又分成上、下两行，分别表示后、前针床的织针动作。第二列是花型行号，与"织物视图"的花型行号一致。由于编织一个花型行往往需要一个或多个工艺行（织针动作）来完成，所以工艺行数≥花型行。如在织物视图中，第7、8花型行的黄色纱线是分离纱（废纱），第9～16花型行的紫色纱线是罗纹纱，对应工艺视图中的第10、第11工艺行、第12～19工艺行。第三列是后针床横移对位行，与"织物视图"的针床横移对位行一致。第四、第五列是选择行，包含隐藏行、显示所有行和选择行功能，用于显示花型的重要参数，这些参数可以通过在所在列上点击鼠标右键出现的菜单的选钮来激活。"工艺视图"可以排列显示花型参数，进行"工艺编辑"后可以很快看到结果。"工艺视图"窗口自动显示每一行最新的织针动作。

"工艺视图"织针动作行中的红色箭头折线表示从后向前翻针，绿色箭头折线表示从前向后翻针，黑色箭头弧线表示脱圈，红色箭头弧线脱圈专用于结束行。这些织针动作由线圈结构自动生成。

"织物视图"与"工艺视图"和"标志视图"在工作时同步变化，只要在其中一个视图中进行编程，其结果立刻在其他两个视图窗口中同步显示。

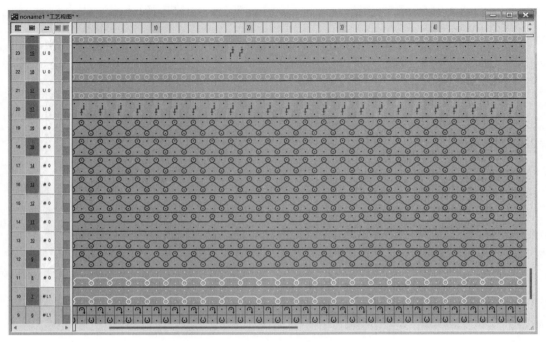

图2-19 "工艺视图"窗口

（3）标志视图。"标志视图"是以一些特定的符号表示线圈结构及织针动作的窗口，用于一些较复杂组织的设计，如图2-20所示，当花型采用"设计"模式时，总是显示标志视图。

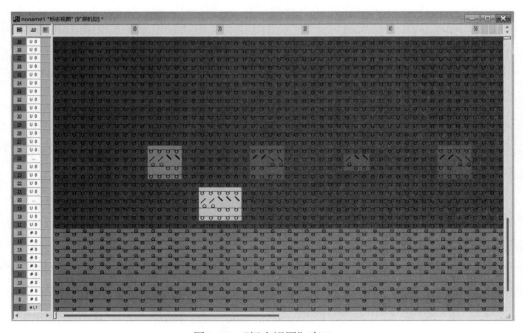

图2-20 "标志视图"窗口

在"标志视图"中，不同模块可以用不同颜色表示 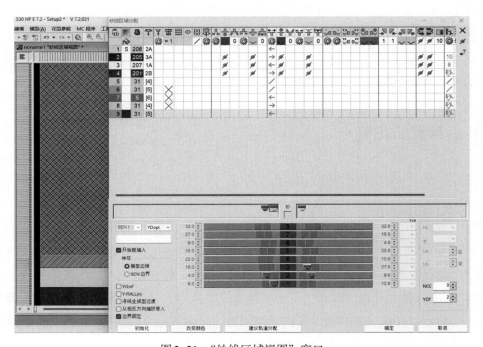，比较直观地显示不同花型。每一种建模都可以有自己的标志视图显示，可以在压缩的花型显示行中为每个线圈分配一个符号。如果没有给建模分配符号，则电脑将自动分配，即使用默认的编织符号，如绞花和阿兰花这类花型，Stoll建模已经有程式化的标志符号用于表示。

在建模编辑器中可进行手动设置符号。可以用"建模/标志视图的符号/显示"菜单将每个符号固定在建模中。可以通过"建模/标志视图的符号/确认"功能从符号选项中设置自己的符号（定区域、选择符号、应用）。

（4）纱线区域视图。纱线区域视图用"花型表示方法"工具栏中的图标 打开或通过"查看/打开纱线区域视图"菜单打开，如图2-21所示。打开时出现"纱线区域视图"窗口和"纱线区域分配"对话框。纱线区域和导纱器区域根据花型中所使用的颜色被自动定义。在"纱线区域视图"中每种纱线区域用各自的颜色来显示。假如在"纱线区域视图"中点击一个纱线区域，则显示为网格状并自动将"纱线区域分配"对话框中相应的纱嘴选中（用红框围住）。在纱线区域中当使用同一导纱器编织几个不同的地方时，将同时显示不同网格和斜线区域。在对话框中可以根据需要改变导纱器的位置（用鼠标左键拖着移动到不同的模拟杠上）。

关于纱线颜色：在调色板选颜色，一共有32种色号，同一种色号表示同一种纱线，调色板中的纱线颜色并不表示实际编织的纱线颜色。一般情况下紫色201是罗纹纱1颜色，黄色207是分离纱1（废纱）颜色，绿色208是牵拉梳纱1（弹力纱）颜色。

图2-21 "纱线区域视图"窗口

（5）视图窗口的一些功能性操作方法。织物模块可用线圈结构、编织图和标志符号三种方式显示，即"织物视图""工艺视图"和"标志视图"。

①"织物视图"窗口、"工艺视图"窗口和"标志视图"窗口可通过以下方法打开：鼠标左击菜单栏中的"查看"，选择二级菜单中的"打开新的织物视图"（快捷键F）、"打开新的标志视图"和"打开新的工艺视图"（组合键Ctrl+T）。

②"织物视图"窗口、"工艺视图"窗口和"标志视图"窗口可最小化，鼠标左击菜单栏"窗口"中的二级菜单复原。

③若要同时显示各个视图，则鼠标左击菜单栏中的"窗口"，选择二级菜单中的"横向平铺"（也可选择"纵向平铺"或"层叠"）。

④同步显示：当光标指向三个视图中任意一个的某个位置时，可通过点击快捷键X迅速显示其他两个视图上相同位置的内容。

⑤同一视图的分频：左右分频——光标置于视图左下角，出现分频符号后向右拖到要分频的列即可；上下分频——光标置于视图右上角，出现分频符号后向下拖到要分频的行即可；取消同一视图的分频，双击即可。

⑥细部展开功能：右击织物视图出现菜单栏，选中"展开"，选中的视图就左右展开；若要上下展开，则在花型显示栏右上部点击"上下展开"按钮。

⑦背面视图功能：查看织物视图的反面效果：鼠标右击织物视图出现菜单项，选中"背面视图"菜单（组合键Alt+F6）。

⑧保护区域功能：先选中工艺视图中要保护的区域，在保护区域用鼠标右击菜单栏，选中"选择/保护"；反之有"全部取消保护"。

⑨光标显示符号：一般在视图中光标以"+"符号显示，这样定位精确。鼠标右击视图出现菜单栏，点击"光标"菜单，选择"+"。

三、编程新花型

编程在M1 Plus的图形界面上进行。

1. 设计织物组织图

①建好"新花型"后，选择"工艺花型"模式进入的设计系统窗口时，一般只打开了"织物视图"和"工艺视图"；选择"设计花型"模式进入时，一般只打开了"标志视图"。这两种方式都可以通过点击扩展模型图标，使三个视图同时显示。程序编制时，一般在"织物视图"或者"标志视图"窗口进行工艺设计。这是织物组织程序编制过程中最重要的一步，在基础组织上，进行各种花型图案或组织肌理的创作。

为了快速输入花型，也可使用模块即建模，建模表示了预先的编织顺序。建模区域在窗口的左侧，也可从"数据库模块管理器"中提取，点击菜单"建模"，再点击二级菜单"数据库模块管理器"菜单，可从中选择各种建模放置在M1 Plus的图形界面的建模区域，以便在设计织物组织图时调用。

　　② 如果要改变"新花型"窗口中"开始"项及编织尺寸大小的设置，点击菜单"编辑/替换起头"，进入"替换起头"窗口更改，如图2-22所示，如可以把1×1罗纹更改为2×1罗纹。

图2-22　"替换起头"窗口

　　③ 同一色块的编织行一定为偶数行，可以用插入或删除的方法修正。

2. 共性设计

　　一个新花型中模块和纱线颜色设计好后，还要进行一些辅助设计，整个设计才算完成。这些辅助设计的内容基本一致，所以称为"共性设计"或"结尾设计"。

　　（1）确定工艺纱线颜色。

　　① 确定分离纱："织物视图"的第1、第2花型行或"工艺视图"的第1～9工艺行是用分离纱编织的（用吸管吸废纱色，9行以下全改废纱色），将光标定位到工艺纱线颜色区域复制"#207分离纱1"粘贴到织物视图的第1、第2花型行。

　　② 确定封口废纱：织片的结束处要加封口纱，在大身结束行用"#207分离纱1"粘贴两行，或加两行1×1罗纹结构，再用"#207分离纱1"粘贴。

　　③ 确定罗纹纱：织物视图的第3～9花型行是编织下摆罗纹的，一般情况下是用同一种纱线编织下摆罗纹与大身，因此将光标定位到织物视图上复制大身纱线颜色粘贴到织物视图的第3～9花型行。

（2）确定编织导纱器。

① 配置编织导纱器：纱线需要导纱器带入编织区进行编织，一种纱线至少需要一把导纱器。点击"新花型视图"中的右中区域的"纱线区域"图标（彩色纱筒状），快捷键F4）打开"纱线区域视图"窗口，M1 Plus软件根据设计者所设计的新花型自动配置编织所需导纱器只数，这些导纱器出现在该窗口的中部。把这些导纱器图标下拖配置到任意导纱器轨道上，优先使用第4、第5导纱器轨道（任意侧）。如果同一种纱线有两把及以上的导纱器，应分别配置到左右两侧。每个机器都有自己特定的弹力纱、废纱和大身纱的导纱器配置，尤其是弹力纱和废纱的导纱器，一般不做变动。默认情况下，右一是废纱色（默认207），左二是弹力橡筋纱（默认208）。另外，可把起头罗纹（默认201）变成大身同色，在导纱器号码中点击鼠标右键，向下移动，变成与大身同色，在方框内点击即可合并。

② 多系统编织的设置：有时为了提高生产效率，减少空程，可采用多系统编织。每个系统编织一行至少要携带一把导纱器，所以多系统编织意味着要增加导纱器，多系统编织的使用需要在纱线区域视图中进行设置，点击"纱线区域"图标，打开"纱线区域视图"，选择导纱器"ID"对应区域，在"多系统"列中，点击鼠标右键在"值"的后边输入要使用的导纱器数。

（3）设置三大要素。不同的织物组织，在编程时各参数都不相同。工艺参数的改变也可在某种程度上改变织物的肌理效果，如线圈长度、密度的改变。对于有集圈、局部编织、脱圈等工艺设计的织片，需要修改机速和牵拉值，以防止在上机编织时出现纱线断裂、牵拉马达转速过快以及织物出现破洞等情况。

在"工艺视图"窗口或"标志视图"窗口中，左边是工艺参数控制列，通过单击控制列可以打开线圈长度、织物牵拉、机速等工艺参数设置小窗口，可在此设定相应的参数值。

① 密度：不同组织结构和织针动作的密度可根据实际情况进行调整，数值越大，表明线圈越长，织物越松；反之，数值越小，表明线圈越短，织物越紧。

② 牵拉：一般织针数1~699，对应的牵拉力WM最小值设为1.2（单面）或2（双面），WM最大值设为8（单面）或14（双面）。

③ 机速：需要在点击快捷键F10之后处理。

（4）处理新花型和生成MC程序。在步骤栏工具中用鼠标左击"开始处理"图标（或使用快捷键F10），进入"工艺助手"窗口，开始处理。处理完毕点击"确定"键，软件自动生成一个以该新花型名称命名的MDV文件和与之对应的MC程序，并询问储存路径、确认。当生成程序有问题时，就会在此步骤弹出问题窗口，待问题解决后，需要重新进行"工艺处理"。

如果花型需要修改，则应回到处理之前的花型上进行修改，点击"导入基础花型"图标▇即可，再点击"开始重新处理"图标🖱进行重新处理。

F10是分界段，前面部分是画图设计阶段，后面部分是实际操作阶段。

F10之后可以对"机速"进行设定，对机速进行相应地降低。

（5）检验MC程序。检验MC程序（执行Sintral检验）有两种方法：一种是点击菜单栏中的"MC程序/执行Sintral检验"（或点击组合键Ctrl+F11）；另一种是在步骤栏工具中左击"运行Sintral检验"图标🖱，在打开的"Sintral检验"窗口中点击"Start"按钮开始检验。如果检验合格，窗口的下部会显示"OK"字样，合格的程序点击保存后自动放在"D：\Stoll\M1\TMP\文件名"中。如果发现语法错误也将显示在"Sintral检验"窗口的下部。

（6）导出MC程序。检验完成后，点击菜单栏中的"MC程序/导出MC程序"，选择储存路径后导出程序。

MC程序是一个包含三个数据模块（Jac、Sintral和Setup2）的上机编织的压缩文件，可以通过U盘或软盘插到电脑横机上，调入相应的程序进行上机编织。

如果此时还要更改花型，可点击"导入基础花型"图标，或点击组合键"Shift+F10"。

生成MC程序后（快捷键F11）之后还可以修改线圈长度、织物牵拉和机速，但需要重做"生成MC程序（快捷键F11）"存盘。

第三节　利用M1 Plus软件进行组织花型设计

一、正反面多色彩条组织

1. 组织的特点

正反面多色彩条组织虽然有正反面线圈，但在局部都是单面线圈，正反面线圈以多色纱线编织。正反面线圈的结合处有凹凸，横向布置的多色纱线构成横向彩条，如图2-23所示。

图2-23 正反面多色彩条针织物

2. 组织的多种变化形式

① 正、反面线圈横条 + 双色彩条：织物组织由若干横列正面线圈和若干横列反面线圈构成（正反面线圈的横列数可以相等也可以不等），正、反面线圈分别由两种颜色的纱线编织。

② 正、反面线圈竖条 + 双色彩条：织物组织由若干纵行正面线圈和若干纵行反面线圈构成（正反面线圈的纵行数可以相等也可以不等），由两种颜色的纱线交替编织若干横列正面线圈（两种颜色的纱线编织的横列线圈数可以相等也可以不等）。

③ 正、反面线圈方格（矩形）+ 双色彩条：织物组织由若干方格矩形正面线圈和若干方格反面线圈构成（正反面线圈的方格数可以相等也可以不等），正、反面线圈分别由两种颜色的纱线编织。

④ 以上花型还可以设计成三色彩条和多色彩条，各颜色彩条可以依次排列，也可以无规律变化。

3. 设计正反面多色彩条组织

① 单击"新花型"按钮，在"织物视图"或"工艺视图"上进行设计。

② 先设计结构（正反面线圈），鼠标右击针法框中的"后床线圈翻针"图标 以取反面线圈模块，按花型要求复制在"织物视图"或"工艺视图"上。

③ 再设计颜色，鼠标右击选择纱线颜色框中的各种颜色图标以获取颜色，按花型要求复制在"织物视图"或"工艺视图"上（注意，一种颜色编织的花型行必须是偶数行）。

4. 共性设计

共性设计参考本章第二节"编程新花型"中的共性设计内容。

二、移圈（纱罗）组织

在编织过程中，通过转移部分线圈形成的织物称为"移圈组织"。移圈组织主要有绞花、阿兰花与网眼组织，如图2-24所示。

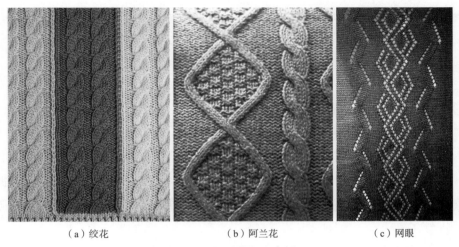

（a）绞花 （b）阿兰花 （c）网眼

图2-24 移圈组织针织物

1. 绞花

（1）组织特征。绞花是通过交换相邻的正面线圈而形成，在织物正面形成扭绞的线圈纵条。可以是1和1交换，也可以是2和2或3和3交换，分别称为"1×1绞花""2×2绞花"和"3×3绞花"，依照方向效果又分成左遮右和右遮左两种。正面线圈绞花纵条的两侧通常配置反面线圈，以突出绞花效果。

（2）设计绞花。

①单击"新花型"按钮，在"织物视图"或"工艺视图"上进行设计。

②把整块织物改成反面线圈。

③选择若干纵行改成双面组织的满针罗纹，行数由绞花宽度决定，如1×1绞花的行数是2，2×2绞花的行数是4。

④鼠标右击选择花型模块框中的绞花花型单元以获取模块，粘贴在满针罗纹纵行上，可以做连续绞花也可以做间断绞花。

⑤修改绞花模块的颜色，鼠标光标放置在大身上，用快捷键F6取色后粘贴在绞花模块上，使大身和绞花用同一种纱线编织。

⑥共性设计。

2. 阿兰花

（1）组织特征。阿兰花是通过交换相邻的正、反面线圈而形成，正面线圈在织物正面形成凸出于织物表面的倾斜线圈纵行，组成菱形、网格、曲线等各种结构花型。交换的正、反面线圈数可以相等也可以不相等，如1×1、3×1，前者表示一个正面线圈同一个反面线圈进行交换，后者表示三个正面线圈同一个反面线圈进行交换。通常两个左向纵条同两个右向纵条构成一个菱形的四个边，一般在菱形内配置一正一反或二正二反线圈（俗称"桂花针"）。

（2）设计阿兰花。

① 单击"新花型"按钮，在"织物视图"或"工艺视图"上进行设计。

② 阿兰花的基础组织一般是单面纬平针组织，在织物正面设计。

③ 鼠标右击选择花型模块框中的阿兰花花型单元以获取模块，可以先取右向（＞）模块，从下往上、从左往右粘贴，鼠标每左击一次，粘贴一个花型单元；可根据花型大小选择粘贴花型单元个数，构成↗正面线圈行，如选定2×1＞左边单元在基础组织连续粘贴十次。

④ 鼠标右击花型模块框中的阿兰花花型单元以获取模块，选择左向（＜）模块，在步骤③↗正面线圈行的结束行相隔两列右侧开始粘贴，从上往下、从左往右，选择粘贴花型单元个数同步骤③，与步骤③共同构成↗↖正面线圈行，如选定2×1＜左边单元在基础组织连续粘贴十次。

⑤ 鼠标右击花型模块框中的阿兰花花型单元以获取模块作封口连接，如选定一个2×1＞＜左边单元粘贴在↗↖正面线圈行的顶端。

⑥ 鼠标右击花型模块框中的绞花花型单元以获取模块，绞花单元的花型应与阿兰花单元花型相对应，如阿兰花单元花型是1×1，则绞花单元花型也是1×1；如阿兰花单元花型是2×1，则绞花单元花型是2×2，如选定一个2×2＞（或2×2＜）粘贴在2×1＞＜左边单元的上部。

⑦ 在绞花单元的上部重复步骤③、步骤④，一个阿兰花的基本花型便设计好了。由此可知，一个阿兰花的基本花型由一个向左移圈单元、一个向右移圈单元、一个封口单元和一个绞花单元组成。

⑧ 修改阿兰花模块的颜色，将光标放置在大身上，用快捷键F6取色后粘贴在阿兰花模块上，使大身和阿兰花用同一种纱线编织。

⑨ 共性设计。

3．网眼（挑孔）组织

（1）组织特征。网眼组织是通过转移线圈而形成的，被转移线圈的织物处就形成一个孔眼，利用孔眼分布排列组合可以构成各种花型。为了突出孔眼效应，通常是在单面组织上转移线圈。

（2）设计网眼组织。

①单击"新花型"按钮，在"织物视图"或"工艺视图"上进行设计。

②网眼的基础组织一般是单面纬平针组织，在织物正面设计。

③鼠标左击选择花型模块框中的挑孔花型单元以获取模块，根据花型复制粘贴花型单元在织物上适当的位置。

④修改网眼模块的颜色，将光标放置在大身上，用快捷键F6取色后粘贴在网眼模块上，使大身和网眼用同一种纱线编织。

⑤由于网眼分布太密，网眼间会出现非设计要求的孔眼影响图案美观，此时可采用针法框中的挑孔分针线圈来补孔。

⑥共性设计。

三、提花组织

提花组织是采用几种不同颜色的纱线分别编织不同的线圈而形成的，如A色纱线在甲织针上编织线圈，则B色或其他颜色的纱线不参与编织，在甲织针位置的反面呈浮线状态，如图2-25所示。所以提花组织的结构单元由线圈和浮线构成。提花的设计分为两大步：第一步是设计提花花型（图案），第二步是定义提花结构（提花花型与基础组织的结合）。

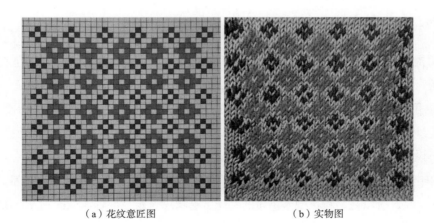

（a）花纹意匠图　　　　　　　　　　（b）实物图

图2-25　提花组织意匠图及针织物

1. 单面提花

单面提花（浮线提花）的基础组织是单面组织。

（1）组织特征。单面提花组织的浮线暴露在织物的反面，过长的浮线会影响织物使用性能，所以选择的提花花型的色块不能太大，最好是对称性花型。

（2）设计单面提花。

① 单击"新花型"按钮，在"织物视图"或"工艺视图"上进行设计。

② 提取提花花型（PE提花）：PE提花是软件为使用者提供的各种提花花型模块。点击快捷键F3直接打开数据库模块管理器，或鼠标左击菜单栏中一级菜单"建模"，再左击二级菜单"数据库模块管理器"打开数据库模块管理器。在"数据库模块管理器"中选择"Stoll/花型元素"中的"PE提花"，会有许多现成的提花花型供设计者选用，每个花型都标注了尺寸大小。当然，设计者也可自行设计提花花型。

③ 鼠标左击选定某一提花花型以获取模块，粘贴在基础组织的适当位置，也可做组合粘贴。

④ 有的长浮线提花须做浮线＋集圈来处理：在菜单栏"花型参数/设置/嵌花"菜单中，设置"有浮线的提花集圈结构不小于"中允许的最长浮线针数，一般可选5针。

⑤ 定义提花结构：a. 选择提花区域，用光标在已粘贴的提花花型上标定；b.定义结构，鼠标左击菜单栏中一级菜单"编辑"，再左击二级菜单"生成或者编辑提花（组合键Ctrl+F4）"打开提花窗口。在"提花/Stoll/浮线"文件夹，选择"浮线"；c. 在提花窗口选择"线圈长度"的"默认值"，选择"颜色数"选项中的"每行最少颜色数"；d. 最后选择"应用"和"确定"。此时在"织物视图"中步骤a选择的提花区域的背面生成浮线，且浮线的长度若超过5针，则用集圈连接，可用"背面视图"功能查看。

⑥ 共性设计。

2. 双面提花

双面提花其基础组织是双面组织，可以是在织物的一面提花，也可以是在织物的两面提花，一般只在织物的一面（正面）提花。

（1）组织特征。双面提花组织浮线夹在正反面组织中间，虽不影响织物使用性能，但耗费了纱线，增加了织物的厚度。

（2）设计双面提花。

① 单击"新花型"按钮，在"织物视图"或"工艺视图"上进行设计，其基础组织一般为满针罗纹，所以在"新花型"窗口的编织区选项中选定"前针床线圈–后针床线圈"。

② 提取提花花型（PE提花）：同单面提花。

③ 粘贴提花模块：同单面提花。

④ 定义提花结构：a. 选择提花区域，用光标在已粘贴的提花花型标定；b.定义结构，鼠标左击菜单栏中一级菜单"编辑"，再左击二级菜单"生成或者编辑提花（组合键Ctrl+F4）"打开提花窗口。选"提花/Stoll"文件夹，如果是芝麻点结构，选择"芝麻点"文件夹中的"芝麻点"，如果是横条结构，选择"横条"文件夹中的"横条"，如果是空气层结构，选择"网络"文件夹中的"网络"；c.在提花窗口选择"线圈长度"的"默认值"；d. 最后选择"应用"和"确定"。此时在"织物视图"中步骤a选择的提花区域的背面生成浮线，可用"背面视图"功能查看。

⑤ 共性设计。

3. 提花组织设计注意事项

① 反面芝麻点和横条结构的提花组织一般使用两色纱线，若颜色偏多，则图案易变形，反面横条一行一般不超过三个颜色。

② 空气层结构一般使用两色纱线，若颜色偏多，则织物厚度会增加，有时为减薄织物厚度，织物反面可采用1隔1抽针。

③ 若整个织物都是空气层结构，则需要"锁边"技术处理：在织物的两边，每行变化纱线颜色，宽度是粗针为1针、细针为2针，形成类似芝麻点效果。

④ 提花结构定义好后，只能用定义好后的提花颜色画图，不能使用右侧的纱线颜色和线圈作图。

⑤ 更改颜色顺序。如芝麻点和横条结构系统默认是先白后黑，可以使两种颜色交换顺序。

⑥ 增加颜色。点击"更换/添加"按钮。

⑦ 如需要修改提花图案，则须退回到提花结构定义前（是嵌花图形），先选择提花区域，用光标在已粘贴的提花花型上标定，再鼠标左击菜单栏中一级菜单"编辑"，左击二级菜单"生成或者编辑提花（组合键Ctrl+F4）"打开提花窗口，选择"取消提花"。如果要将提花图案反做，则在提花窗口中选择"提花图/后"选项。

⑧ 单面提花和空气层结构的双面提花，由于在一个横列中有多种纱线的线圈，为减少编织难度，提花图案尽可能是菱形的，而非平行色块的。

4. 图片提花

图片提花为使用图片作为提花图案。图片导入的目的一是导入图片作为花型，二是导入图片作为花型元素（模块）。

（1）图片作为花型导入。

① 导入图片的格式必须是BMP、PCX和TIF三种，如果是JPG格式，则需转换为

这三种格式的任意一种。

② 图片中的一个像素对应织物上的一个线圈，所以图片＜700针，用图片导入方式编织的衣片＜350针。

（2）导入图片作为花型元素。

① 鼠标左击菜单栏中一级菜单"文件"，左击二级菜单"导入/图片作为花型"，打开"步骤1：图片选择"窗口，在窗口中点击"调入"按钮，出现"打开"窗口，在"查找范围"查找要导入的图片，确认后点击"打开"按钮，图片就导入左侧的显示框内，如在"新花型"窗口操作步骤相同，选定各项参数后点击"下一步"按钮。

② 打开"步骤2：颜色选择"窗口，在左侧图片显示框的下部有"缩放"功能，点击"调整大小"用以放大图片显示的尺寸。

③ 并色：在"颜色选择"窗口的右部左侧"已减少的"栏是图片原始颜色数，右侧"分配的颜色"栏是要保持的颜色数，把左侧要减少的颜色拖入右侧合并到要保持的颜色格内，一般合并后的颜色不要超过三种。在"花型"选项中选定"结构/嵌花"。

④ 点击"下一步"按钮，打开"步骤3：结构/嵌花"窗口，选择与颜色相对应的线圈结构，可以是单面、双面。点击"完成"按钮后，该修改好的图片以文件名"花型单元*"储存在主窗口或"新花型"窗口左侧的建模栏中的"Pattern Elements"文件夹中，作为提花建模。

第四节　利用M1 Plus软件进行全成形编织设计

一、全成形工艺

全成形（Fully Fashion）是为了节省原料，以收针、放针和拷针等工艺，使织片按照需要的款式形状进行编织，从而形成衣片，有宽有窄，通常称为"全成形编织"，简称"全成形"。以下是全成形收针、放针工艺的介绍。

1. 收针

收针（Narrowing）又称"减针"，织片横向编织的线圈逐渐减少，从而形成横向尺寸逐渐变窄。收针是通过织片边缘的某些原本参与编织的织针退出工作，这些织针上的线圈不是直接脱去（那样会产生脱散），而是转移到旁边的工作织针上。同一行中单侧一次参加收针的织针针数称为"收针针数"，一般单面结构的织片一次最多收3针（有少数是一次收4针的），超过一次收3针的也可按拷针处理。而双面结构的一般每次收1针。收针有明、暗之分，如图2-26所示，凡收针时转移线圈的个数大于收针针数的称为"暗收针"，收针时转移线圈的个数等于收针针数的称为"明收针"，一般系统默认是暗收针。

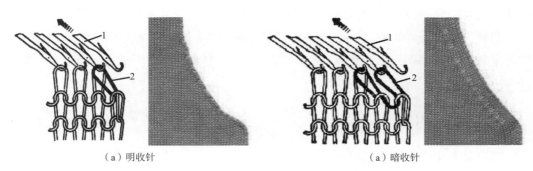

（a）明收针 （a）暗收针

图2-26 收针

2. 放针

放针（Widening）又称"加针"，织片横向编织的线圈逐渐增多，从而形成横向尺寸逐渐变宽。放针是通过织片边缘增加织针参加工作，同一行中单侧一次参加放针的织针针数称为"放针针数"。放针也有明、暗之分，如图2-27所示。用转移线圈实现新增加织针的方法称为"暗放针"，用直接编织线圈实现新增加织针的方法称为"明放针"，明放针一次只能放1针，一般系统默认是明放针。

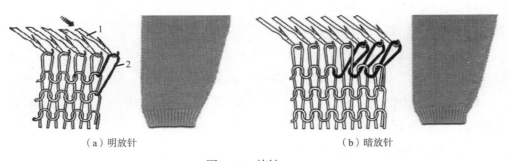

（a）明放针 （b）暗放针

图2-27 放针

3. 拷针

拷针（Link-off）类似于收针。拷针是在成形编织时，将所要减去的织针上的"线圈"从针头上脱下来，不向相邻织针转移，使参加编织的针数减少，织物由宽变窄的一种编织方法。拷针比收针效率高,但织物边缘易脱散,下机后须少量裁剪和包缝。在电脑横机编织时,也有把锁边式收针称为"拷针"。

二、全成形设计方法

全成形设计一般有两种方法,第一种是软件设计,即设计者只需输入全成形衣片尺寸,由M1 Plus软件自行设计全成形工艺——收针、放针和考针工艺计算,但这种方法目前软件做得比较粗糙,一般不采用;第二种是自行设计,即设计者需要根据织片的密度和衣片的结构尺寸先计算收针、放针和拷针工艺,再依次输入。以下是自行设计方法步骤。

1. 设计织片(坯布)

坯布是指全成形衣片的面料。设计方法如前所述,要注意坯布的针数、行数一般稍大于衣片的针数、行数。

2. 设计全成形衣片(无领)

① 计算收针、放针工艺,收针每次≤2针,放针每次1针,取整。例如(3-2)×15表示每3行收2针(减针),收15次,即共收行数3×15=45行,共收针数2×15=30针;(2+1)×20表示每2行放1针(加针),放20次,即共加行数2×20=40行,共放针数1×20=20针。没有收放针的编织行,称为"平摇"。

② 在"新花型"窗口将"花型类型"的三个选项选定为"全成形",单击"工艺花型"按钮,出现M1 Plus的图形界面,在菜单栏中选择"模型"的级联菜单中"模型编辑器",单击后出现"模型编辑器"窗口。

③ 在"模型编辑器"窗口工具栏中单击"打开线圈模型(.shp)"图标,其功能是打开或保存过的"线圈"或"幅度"文件(.shp)。

④ 在"模型编辑器"窗口工具栏中选择"模型编辑器在顶端"图标,其功能是模型输入表总是处于活动窗口的最上面,不会被其他窗口覆盖。

⑤ 在"模型编辑器"窗口工具栏中选择"显示/隐藏图表"图标,其功能是显示和隐藏模型视图的全视窗口。

⑥ 在"模型编辑器"窗口的左上部分"输入方式"中选择"幅度"。

⑦ 在"模型编辑器"窗口的左下部分"左右对称"选择框中打勾。

⑧ 在"模型编辑器"窗口的左下部分"起始宽度"输入起始宽度。

⑨ 鼠标右击"模型编辑器"窗口中部的工艺输入表中的任意一栏,在弹出菜单中

选"结束后生成新行",或在"模型编辑器"窗口工具栏中选择"在结束处添加新行",从而在工艺输入表中生成新行。

⑩ 依次输入全成形编织的收针、放针工艺。第一行是起针行,数据自动生成,无须输入。如是平摇,在"高度幅度"栏中输入平摇行数,在"宽度幅度"栏中输入"0";如是收针,在"高度幅度"栏中输入每次收针行数,在"宽度幅度"栏中输入每次收针针数,在"次数"栏中输入收针次数。随着工艺数据的输入,"模型编辑器"窗口中上部的织片模型会同步显示衣片结构。若输入后该栏为蓝色显示,则说明该栏输入的工艺数据不准确。

⑪ 全部数据输入后,点击"模型编辑器"窗口菜单栏中"生成结束行"。

⑫ 点击"模型编辑器"窗口菜单栏中"保存模型",给该模型文件取名并选择保存路径后进行保存。

3. 设计开领,以V领为例

① 在"模型编辑器"窗口菜单栏中选择"新元素",出现工艺输入表。

② 依次输入开领编织的收针工艺。随着工艺数据的输入,"模型编辑器"窗口中上部的开领模型会同步显示开领结构。若输入后该栏为蓝色显示,则说明该栏输入的工艺数据不准确。

③ 全部数据输入后,点击"模型编辑器"窗口菜单栏中"生成结束行"。

④ 点击"模型编辑器"窗口菜单栏中"删除所有元素",其功能是将开领模型与全成形衣片(无领)模型文件(.shp)重合,此时可在标志视图上看到设计结果。

⑤ 点击"模型编辑器"窗口菜单栏中"保存模型",以保存文件。

4. 设计全成形衣片

① 点击"新花型"窗口菜单栏中"模型"的级联菜单下"打开和定位模型",出现"打开"窗口,在"打开"窗口中选择保存的模型文件,点击"打开"按钮,原先设计的全成形(有领)模型就重合在织片(坯布)上了。

② 共性设计。

第三章

Stoll 电脑横机编织提花织物

PART 3

纬编提花组织是由一根或几根纱线在针织机上沿着横向依次垫放在各个相应的织针上形成线圈，并在纵向相互串套形成的织物，主要分为单面和双面两种。按照花纹要求，提花组织有选择地在某些织针上编织成圈，在不成圈的织针上，纱线以浮线的形式处于织针后面，其结构单元主要由线圈和浮线组成。提花组织在 Stoll 电脑横机上编织时，是根据所设计的花型图案，在提花编辑软件中生成对应的工艺编织信息来控制织针编织成圈；在不成圈的织针上，纱线以浮线的形式处于织物背面。

第一节　Stoll 电脑横机编织的提花组织种类

一、纬编单面提花织物

如图 3-1 所示为纬编单面提花织物的编织示意。纬编单面提花织物是在一个针床上编织而成，主要由线圈和浮线组成，按照编织方法不同，分为单面不均匀提花和单面均匀提花两种类型。

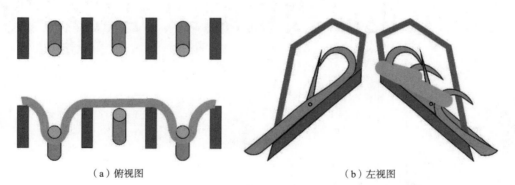

（a）俯视图　　　　　　　　　　　（b）左视图

图 3-1　纬编单面提花织物编织示意图

1. 单面不均匀提花织物

纬编单面不均匀提花织物通常采用单色纱线编织，在该组织织物中，由于某些织针连续几个横列都不参与编织，就会形成拉长的线圈，这些拉长的线圈会抽紧与之相连的正面线圈，使这些线圈凸出在织物正面，从而在织物正面产生明显的凹凸效应。凹凸效应的明显程度与织针上线圈连续不脱圈的次数有关，连续不脱圈的次数越多，线圈被拉长的长度越大，织物的凹凸性也就越明显。应该注意的是，在编织过程中连续不编织的次数不应太多，否则导致织物牵拉张力与纱线张力过大而产生断纱、破洞等现象。

2. 单面均匀提花织物

纬编单面均匀提花织物实物效果如图3-2所示，图3-2（a）为织物正面效果图，图3-2（b）为织物反面效果图。图3-2提花组织的两种色纱按照花型图案要求分别在织物正面呈现正面线圈、在不编织的针位上呈浮线。同大多数

（a）织物正面　　　　　　　　（b）织物反面

图3-2　纬编单面均匀提花织物实物效果图

单面组织织物一样，织物较为轻薄，四周会出现卷边现象。同时单面均匀提花织物在设计花型图案过程中，每一横列同一种颜色的图案连续出现的次数尽量不要太多，否则在编织时另一种颜色的纱线就会在织物背面产生过长的浮线，这样很容易造成勾丝与断纱等情况，影响织物的美观性与实用性。虽然可以通过在长浮线间添加集圈线圈的方式来控制浮线的长短，但是对于花型循环较大的花型来说，操作起来较为烦琐，且添加集圈组织也会在一定程度上影响织物的平整度。

二、纬编双面提花织物

纬编双面提花织物编织如图3-3所示，纬编双面提花织物编织时前后两个针床都有成圈线圈，正反面都有正面线圈，以两色、三色、四色最为常见。它的提花图案可以在织物的一面形成，也可以在织物的两面形成，而实际生产过程中，大多采用在织物正面按照提花花型要求编织提花，反面按照一定结构进行编织。纬编双面提花组织按照不同的编织方法，织物反面会呈现不同的织物效应，主要有纵条、芝麻点、横条以及空气层四种类型。

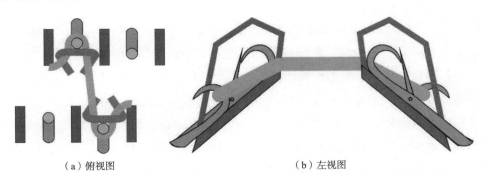

（a）俯视图　　　　　　　　　　（b）左视图

图3-3　纬编双面提花织物编织示意图

1. 反面纵条提花织物

在编织反面纵条双面提花组织时，每种色纱都只垫放在相同的针床织针上，在织物反面形成纵条效应。由于每种色纱都垫放在了同一针床织针上，在织物正面就会出现露底的现象，会导致织物不平整，影响织物视觉效果与手感风格。

2. 反面芝麻点提花织物

如图3-4（a）所示为两色芝麻点提花织物正面实物效果图，如图3-4（b）所示为该织物的反面实物效果图，呈现芝麻点效应。反面芝麻点提花织物在编织时，无论色纱数有多少，每一个反面横列都是由两种色纱呈1隔1排列交替编织而成，因此被称为"不完全提花"。织物正反面的纵密差异随色纱数的不同而产生变化。由于是两种纱线编织一个反面横列，所以织物正反面纵密差异较小。例如，色纱数为2时，织物正反面纵密比为1：1；色纱数为3时，织物正反面纵密比为2：3；这样会使织物反面线圈分布得较为均匀，既削弱了纵条反面提花织物正面的露底现象，又使得织物更加平整均匀、美观大方。正因如此，市面上的横编提花产品大多数都是反面芝麻点提花。

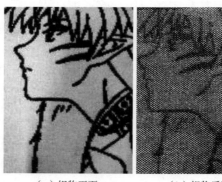

（a）织物正面 　　　　　（b）织物反面

图3-4　反面芝麻点提花织物实物效果图

3. 反面横条提花织物

如图3-5所示为三色反面横条提花织物实物效果图，如图3-5（b）所示为该织物反面实物效果图，呈横条效应。反面横条双面提花织物在编织时，所有色纱在编织每一横列时，都会在对应织针上编织反面线圈，因此被称为"完全提花"。提花花型图案中的色纱数是反面线圈的纵密对正面线圈纵密的倍数，例如，两色横条反面提花的反面纵密是正面纵密的两倍，三色横条反面提花的反面纵密是正面纵密的3倍。因此在编织横条反面提花时，不宜编织色纱过多的花型图案，因为色纱过多会造成较为悬殊的织物正反面纵密差异，正面线圈被拉长，进而影响织物正面花型的美观以及织物的牢度。

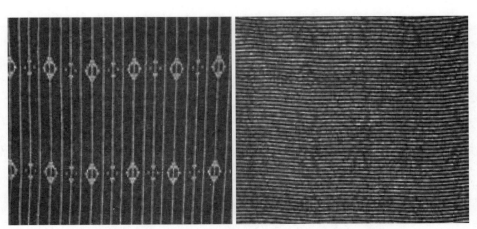

（a）织物正面　　　　　　　　　　　　　（b）织物反面

图3-5　反面横条提花织物实物效果图

4. 空气层提花织物

如图3-6所示为两色空气层提花织物实物效果图，如图3-6（b）所示是该织物的反面实物效果图，与正面花型形状相同、颜色相反。空气层提花织物由于表面线圈较为平整，线圈变形可忽略，因此织物手感厚实紧密，花型清晰、不易露底，也被广泛应用于各类针织产品中。空气层反面提花织物在编织时，正反两面都按照提花花型要求选针编织，通常正反面选针互补，即正面选针编织时，反面不编织，正面不编织的地方反面选针编织。在编织两色空气层提花时，正反面花型相同、颜色相反，会形成正反面颜色互补的色彩效应。然而，当空气层提花织物色纱数较多时，为了降低织物单位面积重量，会隔针编织反面线圈，通常三色空气层反面是1隔1编织，四色空气层反面是1隔2编织。

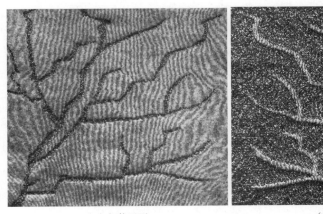

（a）织物正面　　　　　　　　　　　　　（b）织物反面

图3-6　空气层提花织物实物效果图

第二节　Stoll电脑横机编织提花织物的实践

一、设计提花花型

打开M1 Plus软件，选择"文件／新花型"，或点击组合键Ctrl+N，打开"新花型"窗口，根据需要设置相关参数，如图3-7所示。

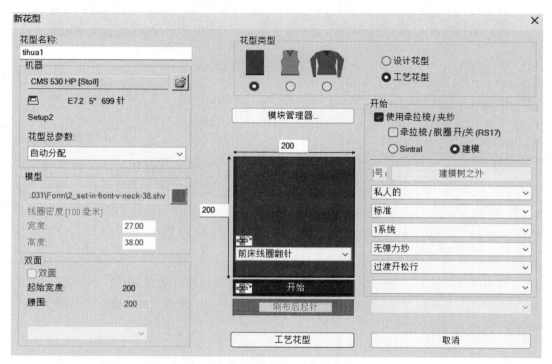

图3-7　"新花型"窗口

设计工艺花型步骤如下：

1. 设计工艺花型

从Stoll预先准备的"建模／数据库模块管理器/Stoll/花型元素／PE-提花"中选取花型，也可以利用"绘图"工具在"织物视图"中绘制自己设计的创意花型。如图3-8所示是纱线颜色模块，本案例设计的是两色提花，选用纱线颜色模块中的19号深蓝色来绘图，与31号黄色的底色形成比较鲜明的对比。注意，此时所选的颜色并不代表实际成品的颜色，成品颜色取决于导纱器所穿的实际纱线颜色。

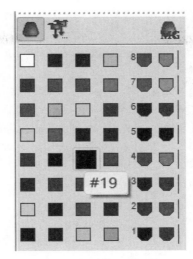

图3-8　纱线颜色模块

2.　绘制方格花型

选择"直线"工具✎来绘制如图3-9（a）所示的方格花型的最小循环单元纹样，用"长方形"工具▨来选取该最小循环单元，点击组合键Ctrl+C复制，此时鼠标自带复制好的纹样，然后在"织物视图"左边的花型行拖动鼠标，复制所需要的纹样行数，即可绘制如图3-9（b）所示的连续方格花型。

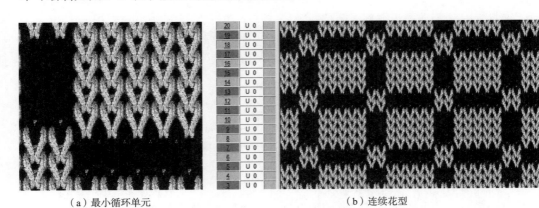

（a）最小循环单元　　　　　　　　　　　　　　　（b）连续花型

图3-9　方格花型

3.　绘制小猫钓鱼花型

用"画笔"工具✎配合"直线"工具✎、"椭圆/圆"工具◎以及"多边形"工具◩等绘制如图3-10所示的小猫钓鱼花型，然后用"长方形"工具▨选取小猫钓鱼的花型，再用组合键Ctrl+C复制。

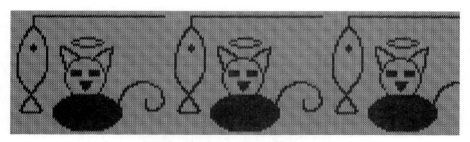

图3-10　小猫钓鱼花型

4．绘制文字花型

点击"文本作为花型元素"工具 **A**，弹出如图3-11所示右侧的对话框，书写文字"老师请给我们4.0～"，点击左边的"字体类型"图标，弹出左边的"字体"选项框，选择合适的字体、字形与大小，点"确定"后，回到"文本作为花型元素"对话框，点击"生成花型元素"后，在视图合适位置点击，即可绘制如图3-12所示的文字花型。

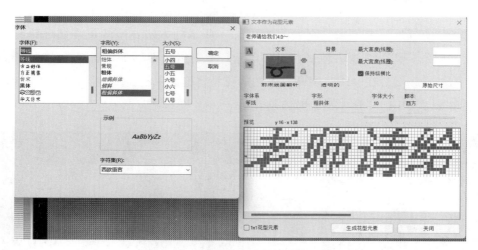

图3-11　"文本作为花型元素"窗口

图3-12　文字花型

5．绘制表情包花型

用"画笔"工具 ✐ 配合"直线"工具 ✐，绘制如图3-13所示的表情包花型，再配合"映射"工具 ▦ 对称反转图案。

图3-13　表情包花型

6. 绘制完整提花图案

最后绘制完整的提花图案，如图3-14所示。

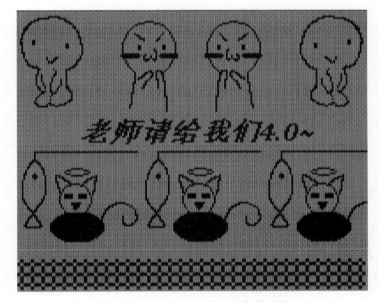

图3-14　设计的创意提花图案效果图

二、生成或编辑提花

选择"编辑（Edit）/生成或编辑提花（Generate Jacquards）"菜单，出现"提花"窗口，如图3-15所示。

1. 生成单面浮线提花

用"长方形"工具 ▬ 在花型行中选取所有方格花型的行列，选择"新建"；在"线圈长度"前打勾，选"默认值"；提花属性选"每行最少颜色数"；选择"Stoll/浮线"建模，然后点击"应用"按钮。

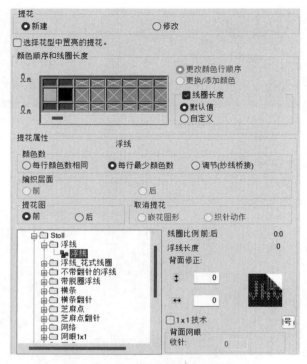

图3-15 生成单面浮线提花的窗口

2. 生成双面空气层（网眼）提花

用"长方形"工具■在花型行中选取所有小猫钓鱼花型的行列，选择"新建"；在"线圈长度"前打勾，选"默认值"；提花属性选"每行颜色数相同"；选择"Stoll/网络"建模，然后点击"应用"按钮。

3. 生成背面横条提花

用"长方形"工具■在花型行中选取所有文字花型的行列，选择"新建"；在"线圈长度"前打勾，选"默认值"；提花属性选"每行颜色数相同"；选择"Stoll/横条"建模，然后点击"应用"按钮。

4. 生成背面芝麻点提花

用"长方形"工具■在花型行中选取所有表情包花型的行列，选择"新建"；在"线圈长度"前打勾，选"默认值"；提花属性选"每行颜色数相同"；选择"Stoll/芝麻点"建模，然后点击"应用"按钮。

在"织物视图"中点击鼠标右键，在"背面视图"上打勾（或用组合键Alt+F6），即可看到如图3-16所示设计的创意提花图案背面。可清楚地看到反面方格花型的浮线、小猫钓鱼花型的黄底蓝色图案变成蓝底黄色图案、文字花型的背面横条图案以及表情包花型的背面芝麻点图案。

图3-16 设计的创意提花图案背面效果图

三、编辑起头与结尾部分

1. 替换起头

点击"编辑/替换起头",弹出如图3-17所示的对话框,选择"过渡开松行","1×1"罗纹起头,因为罗纹上面是编织单面浮线,所以选择单面过渡开松。

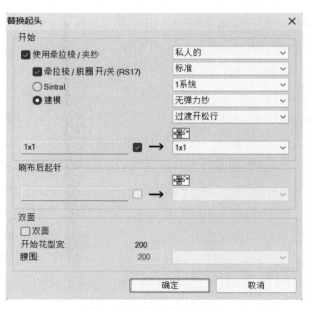

图3-17 "替换起头"窗口

2. 确定工艺纱线颜色

（1）确定分离纱。"织物视图"的第 1～8 花型行或"工艺视图"的第 1～9 工艺行是用分离纱编织的，如图 3-18 所示。需要用吸管吸废纱色，9 行以下全改为废纱色，用光标在工艺纱线颜色区域复制"#207 分离纱 1"粘贴到"织物视图"的第 1～8 花型行，更改废纱颜色后如图 3-19 所示。

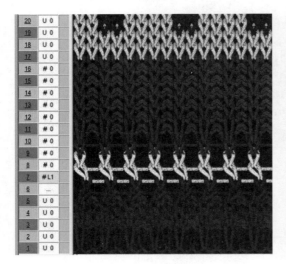

图 3-18　更改废纱颜色前

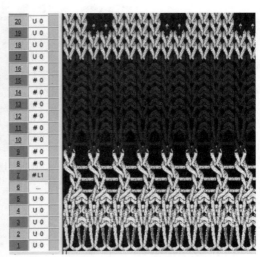

图 3-19　更改废纱颜色后

（2）确定封口废纱。织片的结束处要加封口纱，在大身结束行用"#207 分离纱 1"粘贴两行，或加两行 1×1 罗纹结构，再用"#207 分离纱 1"粘贴。

（3）确定罗纹纱。"织物视图"的第 3～9 花型行是编织下摆罗纹的，一般情况下是用同一种纱线编织下摆罗纹与大身，因此用光标在"织物视图"上复制大身纱线颜色粘贴到"织物视图"的第 3～9 花型行。

四、分配纱线

点击"纱线区域"按钮 或使用快捷键 F4，调整导纱嘴对应位置，调整后位置如图 3-20 所示，其中 1A 为废纱，2A 为橡筋纱，3A 为导纱嘴穿罗纹和底色纱线，4A 为导纱嘴穿花色纱线。

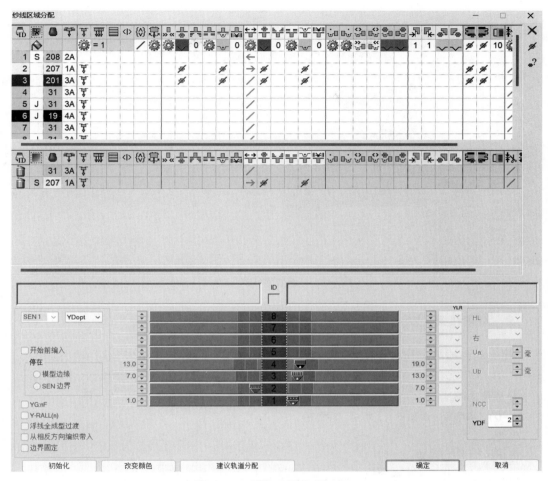

图3-20　"纱线区域分配"窗口

五、设置上机工艺参数

在"工艺视图"左上端点击鼠标右键"选择行"，在织物牵拉、机速和线圈长度处打勾，织物牵拉、机速和线圈长度列就会出现在"织物视图"的左侧。点击鼠标右键分别设计牵拉值、机速与线圈长度值。

1. 设置织物牵拉值

在织物牵拉区域点击鼠标右键选择附加值，出现"织物牵拉表"窗口，如图3-21所示。WM 最小值设为"1.2"，WM 最大值设为"3.6"。N 最小值设为"100"针，N 最大值设为"300"针。

否	WM(N)	WMF	WM	WM最	WM最	N最小	N最大	WMI	WM^	WMC	WM+C	WMK+C	说明[中文]	F	U	M	S	G
1	WMN	1	0.0	1.2	3.6	100	300	3	0	10	20	50	前进	□	X	X	□	X
2	WM	2	0.0	0.0	0.0	0	0	0	0	10	10	10	放松	□		X	□	X
3	WM	3	2.0	0.0	0.0	0	0	0	20	10	10	10	倒转	□		X	□	X
4	WM	?	2.0	0.0	0.0	0	0	7	0	0	0	0	起针	□		X	□	X
5	WM	2	2.0	0.0	0.0	0	0	3	0	10	10	10	脱圈30	□	X	X	□	X
6	WM	2	2.0	0.0	0.0	0	0	0	0	10	10	10	脱圈2	□	X	X	□	X
7	WM	?	0.0	0.0	0.0	0	0	0	0	0	0	0	拷针	□		X	□	X
8	WM	4	2.0	0.0	0.0	0	0	0	20	0	0	0	脱圈3	□	X	X	□	X
9	WMN	2	0.0	2.0	4.0	0	0	3	0	10	20	20	放松 织可穿	□			□	X
10	WMN	3	0.0	2.0	4.0	0	0	3	10	10	20	20	倒转 织可穿	□			□	X
11	WM	7	0.0	0.0	0.0	0	0	0	0	0	0	0	拷针 织可穿	□			□	X
12	WM	8	0.0	0.0	0.0	0	0	0	0	0	0	0	结束 拷针 织可穿	□		X	□	X
13	WMN	5	0.0	0.0	0.0	0	0	3	0	10	10	10	剩余收针 织可穿	□			□	X
14	WM	4	0.0	0.0	0.0	0	0	0	30	10	10	10	合并袖子 织可穿	□			□	X
15	WM	6	4.0	0.0	0.0	0	0	3	0	10	10	50	起始行 2x2 织可穿	□			□	X
16	WMN	2	5.0	0.5	5.0	0	0	3	0	10	10	10	放松 TC-T 织可穿	□		X	□	X
17	WMN	4	5.0	0.5	5.0	0	0	2	0	10	10	10	合并袖子 TC-T 织可穿	□			□	X
18	WMN	?	0.0	2.0	2.0	0	0	3	0	0	0	0	拷针 肩部 TC-T 织可穿	□			□	X
19	WMN	?	0.0	1.0	1.0	0	0	3	0	0	0	0	拷针 领子/打结 TC-T织可穿	□		X	□	X
20	WMN	4	0.0	0.0	2.0	0	0	0	0	10	10	10	放松, 结构	□			□	X
21	WMN	2	0.0	2.0	3.0	0	0	0	0	10	10	10	放松, 收针 E 16/18	□			□	X

图3-21 "织物牵拉表"窗口

2. 设置线圈长度

在线圈长度设置区域点击鼠标右键选择辅助数值，线圈长度设置如图3-22所示。

用过的 / 常用的　默认值　织可穿

否	NP	PTS	NP E7.2 (10)	说明[中文]	F	U	M	S	G
1	1	=	8.4	起始行	□	X	X	□	X
2	2	=	10.0	起始空转	□	X		□	X
3	3	=	9.0	1x1-循环	□	X		□	X
9	4	=	9.5	放松行	□	X	X	□	X
23	20	=	9.0	起头1	□	X		□	X
24	21	=	10.0	起头2	□	X		□	X
25	22	=	11.0	起头3	□	X		□	X
27	24	=	12.0	起头5	□	X		□	X
29	25	=	12.0	牵拉梳纱	□	X	X	□	X
33	15	=	11.0	背面横条提花前	□	X	X	□	X
34	16	=	10.5	背面横条提花后	□	X	X	□	X
35	5	=	12.0	背面芝麻点提花前	□	X	X	□	X
36	6	=	12.0	背面芝麻点提花后	□	X	X	□	X
37	7	=	12.0	背面网眼提花前	□	X	X	□	X
38	8	=	12.0	背面网眼提花后	□	X	X	□	X
47	9	=	12.0	提花-浮线	□	X	X	□	X
48	10	=	12.0	单面平针结构前	□	X	X	□	X
49	12	=	12.0	单面平针结构后	□	X	X	□	X
68	13	=	11.0	默认前	□	X	X	□	X
69	14	=	11.0	默认后	□	X	X	□	X
70	17	=	12.0	安全行	□	X		□	X
192	11	=	7.0	起始行前	□	X		□	X

图3-22 "线圈长度表"窗口

六、处理、检查及导出数据

1. 处理新花型和生成MC程序

点击"开始处理"按钮 或快捷键F10，处理结束以后点击"确定"按钮，并保存在相应的文件夹里。

2. 设置机速

在机速设置栏点击鼠标右键选择附加值，设定机速值如图3-23所示。

否		MSEC		米/秒	说明 [中文]	F	U	M	S	G
1		?	=	1.10	编织 1	☑		X		X
2		?	=	1.20	编织 2	☐		X		X
3		?	=	0.60	编织 3	☐		X		X
4		?	=	0.60	编织 4	☐		X		X
5		?	=	0.50	编织 5	☐		X		X
6		3	=	0.50	编织 6	☐	X	X		X
7		?	=	0.80	编织 7	☐		X		X
8		?	=	0.40	编织 8	☐		X		X
9		3	=	0.40	拷针	☐		X		X
10		2	=	0.50	默认编织	☐		X		X
11		0	=	0.60	默认 S0	☐		X		X
12		1	=	0.25	默认翻针	☐		X		X
13		D	=	0.40	-	☐		X		X
14		D	=	0.40	-	☐		X		X
15		D	=	0.25	-	☐	X	X		X

图3-23　"机速表"窗口

3. 重新处理

如果花型需要修改，则应回到处理之前的花型上进行修改，点击"导入基础花型"图标 ，再点击"开始重新处理"图标 进行重新处理，确定生成程序。

4. 检查程序

点击"运行 Sintral 检查"按钮，检查后出现"模拟 OK"即可。

5. 导出 MC 程序

检验完成后，点击菜单栏中的"MC程序/导出MC程序"，选择储存路径后导出程序。

七、上机编织

上机编织成品实物效果如图3-24所示。

（a）织物正面

（b）织物反面

图3-24　提花织物成品实物图

第四章

Stoll 电脑横机编织局部编织织物

PART 4

局部编织技术在全成形针织毛衫中发挥着重要作用，它是针织成形服装中运用最广泛的一种编织技术，不仅应用在毛衫的肩斜、袖山弧线和圆形下摆处，还能应用于组织结构的设计，形成设计感强烈的外观效果。局部编织技术大大丰富了针织毛衫的款式造型，实现了外衣化、个性化，使针织服装在时尚界占有了一席之地。

第一节　局部编织技术的原理与影响因素

一、局部编织工艺原理与分类

局部编织又称为"楔形编织"，是指在编织时使部分编织织针暂时退出编织，但织针仍握持住旧线圈，当需要时再重新进入编织，最终形成特殊的织物外观效果的一种工艺。如图4-1所示，在第1、2横列，所有织针都进行编织，然后参加编织的织针逐渐减少，但线圈并没有从织针上脱圈。到第6横列时只有一枚织针编织，在第7横列，前几横列逐渐退出工作的织针又重新进入工作参加编织，最终形成特殊的外观效果。

利用局部编织，可以织造出丰富的织物效果并形成省道褶裥等立体结构，这些效果会受到选针数、横列数、密度、纱线材质等的影响。选针数多少影响局部编织图形的大小；横列数越多，形成的效果越明显，孔眼越大；密度影响局部编织的外观效果，密度越大、图案越挺实，密度越小、图案越松散且空隙越大。无论是针织服装的造型设计还是组织结构设计，局部编织的应用都非常广泛。

局部编织主要分为常规局部编织和按比例局部编织两类。

（a）原理图

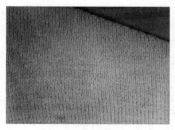

（b）实物图

图4-1　局部编织原理及实物图

1. 常规局部编织

这种类型的局部编织大多应用在服装的领部、肩部、袖子、下摆及各种花型的编织。它又包括单边休止单边编织、两边休止中间编织、中间休止两边编织三种类型，主要是根据暂时退出的织针在针床上所处的位置来进行划分。

（1）单边休止单边编织工艺。单边休止单边编织工艺是指一行织针中其中一边的边缘部分织针停止编织，握持线圈，使其不参与编织过程，其余织针继续编织，如图4-2所示。这种工艺常用于衣片肩部、胸省、斜边下摆、荷叶边等的编织。

（2）两边休止中间编织工艺。两边休止中间编织是指两边的织针握持线圈但不参与编织，中间部分的织针编织，如图4-3所示。这种工艺会使织物中间凸起，通常用于袜子跟部、衣片袖山、圆形下摆等的编织。

（3）中间休止两边编织工艺。中间休止两边编织是指中间部分的织针仅握持线圈停止编织，两边织针进行编织的过程，如图4-4所示。通常用于毛衫前后领深部位的编织。

2. 按比例局部编织

按比例局部编织是指部分织针按照一定的编织比例在特定的位置进行局部编织或多织，主要用于全成形毛衫挂肩等部位。全成形毛衫大身与袖片以筒状编织来实现，在罗纹起头位置和袖身合并的位置，大身与袖片的高度都要保持一致，因此需要将袖片与大身的高度差，利用局部编织进行按比例局部多织分配，使袖片与大身调节到一致的高度，从而保证筒状编织的平衡，最终实现袖子与大身的连接，如图4-5所示。

二、局部编织效果的影响因素

局部编织在编织过程中，部分退出编织的织针握持线圈，当这些织针再重新参与编织进行线圈串套时，线圈对应纵行的线圈横列数小于正常编织纵行的线圈横列数，使得线圈被拉长。那么拉长线圈相邻的线圈则需要将纱线余量补给被拉长的线圈，最终导致该拉长线圈周围的线圈也发生变形，从而呈现出线圈倾斜的形态。如图4-6（a）所示为对应的线圈变形受力示意图，如图4-6（b）所示为局部编织线圈实物图。

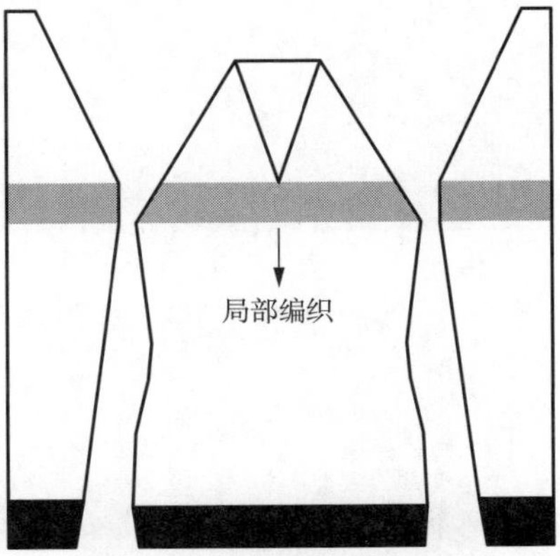

图4-2　单边休止单边编织

图4-3　两边休止中间编织

图4-4　中间休止两边编织

图4-5　按比例局部编织

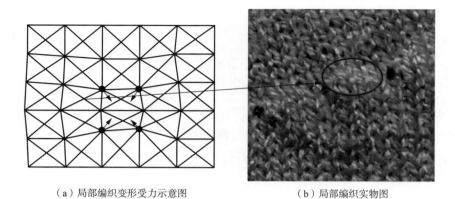

（a）局部编织变形受力示意图　　　　　　　（b）局部编织实物图

图 4-6　局部编织线圈变形原理图

针织物的线圈长度和选针梯度是影响局部编织效果的两个重要参数。

1. 线圈长度

针织物线圈长度越长，线圈中的曲率半径越大，力图保持纱线弯曲变形的力越小，加之纱线之间的接触点越少，故纱线之间的摩擦力也越小。线圈长度决定的是织物总密度的变化，即横密与纵密同时发生变化。线圈长度越长，线圈排列越稀疏，织物越松散。线圈从拉长状态变至实际状态形成的倾斜角度也不同，因此局部编织线圈倾斜角度与线圈长度大小有关。

如图 4-7 所示是固定局部编织选针数与横列数，通过改变组织的线圈长度数值，得到密度变化给局部编织带来的外观效果。为确保结果的准确性以及可比性，均采用同种材质、同种线密度的纱线进行编织。实验材料纱线成分为 57% 腈纶、15% 锦纶、28% 涤纶；组织结构为纬平针组织；采用德国 Stoll CMS 530 多针距电脑横机进行编织。

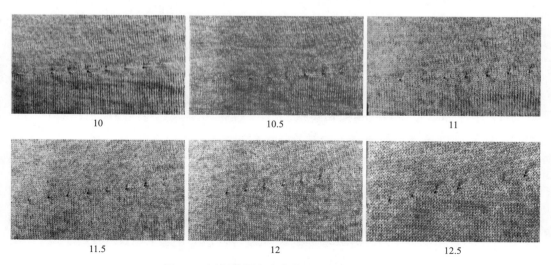

10　　　　　　　　　　10.5　　　　　　　　　　11

11.5　　　　　　　　　　12　　　　　　　　　　12.5

图 4-7　局部编织密度变化时织物外观差异

结果表明：

①省道结构中的立体效果与局部编织的密度有关。局部编织的面料密度越大，织物越紧实，省道形状越小，倾斜角度不明显，形成的孔眼较小；面料密度越小，织物越松散，省道形状越大，倾斜角度明显，孔眼较大。

②省道结构边缘翻卷现象与局部编织的密度有关。局部编织的密度越大，织物边缘向里翻卷的现象越明显；密度越小，边缘翻卷现象越弱。

2．选针梯度

如图4-8所示是固定组织的线圈长度（即密度），改变局部编织选针梯度，给局部编织带来的不同外观效果。在保证省道长度不变的情况下，通过改变减针区域的选针梯度来实现局部编织。图中，2×2表示每隔两针进行两行局部编织；2×12表示每隔12针进行两行局部编织，其余同理。

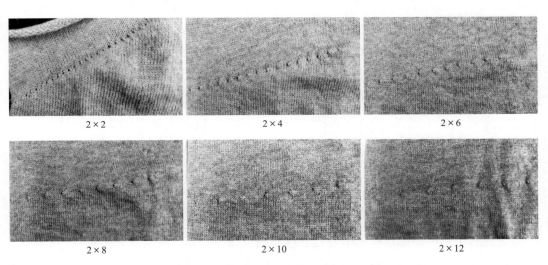

图4-8　局部编织选针梯度变化时织物外观差异

结果表明：

① 省道的立体效果与选针梯度有关。选针梯度越小，在纵行数一定的情况下，阶梯越多，横列数越多，选针数也越多，而且倾斜现象越明显，图形越挺实；反之，倾斜现象越弱，局部编织图形越松软。

② 省道结构中的孔眼现象与局部编织选针梯度有关。选针梯度越小，形成的孔眼大而密集；选针梯度越大，孔眼小而松散。

③ 省道结构中图形的卷边性与选针梯度有关。选针梯度越小，局部编织选针的针数越大，省道边缘向里翻卷现象越明显；局部编织选针梯度越大，局部编织选针针数越小，形状边缘向里翻卷现象越不明显。

④ 省道结构中的凸起现象与局部编织的选针梯度变化有关。选针梯度越小，选针数与横列数越多，省道结构图形越大，省道处织物凸起现象越明显；反之，省道结构图形越小，凸起现象越不明显。当选针数与横列数增大到一定程度时，省道图形会出现凹陷情况。

第二节　局部编织技术在毛衫成形工艺中的应用

局部编织是针织全成形编织的重要技术，利用局部编织技术可以编织原身出领，如挖领、樽领等，还可应用于肩斜、袖子与大身的连接、特殊袖口、下摆等部位的编织。除了用于针织成形工艺，还可用于花型组织结构的设计，比如编织立体花型时，不用单独缝纫立体装饰物，编织速度快、效率高。在针织产业蓬勃发展的今天，局部编织技术已经不完全局限于常规部位的设计使用，它在针织产品的各个应用领域都发挥着重要作用。在针织毛衫中，通常运用在毛衫领部和底摆装饰的编织、肩部铲肩的编织、原身口袋的编织、毛衫扣眼的编织等，还可以应用于胸部、腰部及肘部等各部位省道的编织。

一、在肩部的应用

全成形毛衫的肩部结构有平肩式、落肩式及马鞍肩等。肩部作为服装的重要部位，它的造型直接影响服装整体的外观风格及穿着舒适度。人的肩膀在生理上具有一定的倾斜度，因而肩斜的编织是影响服装贴合度的关键。使用局部编织技术编织的肩斜与普通成形工艺编织的肩斜相比，更符合人的生理特征，更加贴合、舒适。此外，局部编织技术除了在肩部成形工艺上的运用外，还可以编织出多种造型，起到一定的装饰作用，使服装更具时尚感。

在肩部的成形工艺中，可采用普通成形工艺，即直接采用收针、放针及拷针编织肩斜。但这种方法编织出来的肩部外缘粗糙、尺寸稳定性差，易在斜向上拉长变形。而采用局部编织技术使参加编织的织针逐渐减少至处于休止状态，以此形成收肩效果，这样编织的肩斜外缘光滑平整，方便合肩缝时进行拷针，能形成贴合肩部的曲线，具有更好的质感。此外，当编织肩斜的斜度较为平缓时，要在一行或几行内一次性连续性收多针，普通收针难以做到，而使用局部编织技术就能够轻松解决这个问题。使用局部织技术编织肩斜，如图4-9所示，先将左侧的织针逐渐休止，再一次性恢复，等左侧肩斜编织完成后，再进行右侧肩斜的编织，同样是先将织针部分休止再恢复，逐次完成整个肩部的编织。由图4-9可以看出采用局部编织技术编织肩斜与普通成形技术编织肩斜是不同的。

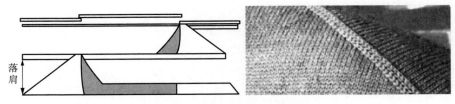

图4-9　肩斜局部编织原理图

二、在领部的应用

在针织毛衫中，领部在整件毛衫中占有重要的地位，常见的衣领有挖领、樽领、垂褶领等。不同的领部造型给人带来不同的风格感受，应用局部编织技术编织的衣领，可使领部的形状更加符合人体结构，穿着更舒适，可直接编织原身出领，不必再单独编织领部进行套口或缝合，提高了生产效率。

如图4-10所示为使用局部编织技术编织普通罗纹原身出领，图4-10（a）为编织原理，先将右侧织针逐步休止，再一次性恢复编织，完成左侧领部的编织；然后用同样的方式完成右侧领部的编织；最后进行领部罗纹口的编织，这样整个领子就编织完成了。编织的领子实物如图4-10（b）所示，这样编织的衣领一次成形，无须额外编织缝合，线条流畅，穿着服帖舒适。

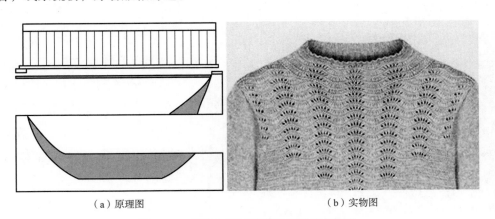

（a）原理图　　　　　　　　　　　　　（b）实物图

图4-10　原身出领局部编织原理及实物图

三、在下摆的应用

在针织毛衫中，下摆的造型影响服装的整体风格与穿着效果，不同的下摆形状带给人的感觉有很大的不同。毛衫的下摆形状有多种类型，除了常规普通平直下摆外，还有非常规下摆，如圆形下摆、波浪下摆，斜下摆、收口下摆、不规则下摆等。

在编织针织毛衫的下摆时，局部编织技术大多应用于衣片起头，选择让某些织针停止工作，然后逐渐使其进入工作，以达到衣片所要的宽度，形成弧形下摆。编织这些非常规下摆时，也可以不使用局部编织技术，直接使用普通收针、放针的方式来实现，但在编织起底时为保证不脱散，必须前后针床同时吃线，或前后交叉一隔一编织，其过程烦琐，且编织出来的罗纹起底或四平起底会参差不齐。而使用局部编织技术就避免了这些情况的出现。如图4-11所示为波浪下摆，在编织波浪下摆时，织针先全部参与编织起底，起底完成后，先从右侧开始两边休止中间编织，完成第一个波浪的编织，然后恢复一部分织针，再开始两边休止中间编织，完成第二个波浪的编织，以此循环进行有规律的织针动作，最后将织针全部恢复工作，这样就完成了波浪下摆的编织。除此之外，还可以使用集圈休止的方式产生微波浪效果。

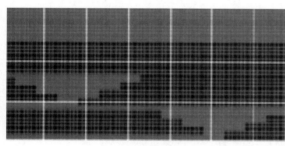
（a）原理图

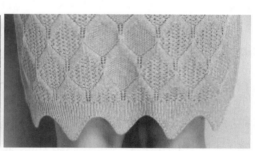
（b）实物图

图4-11　波浪下摆局部编织原理及实物图

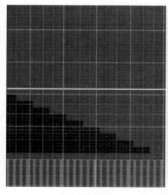
（a）原理图

（b）实物图

图4-12　斜下摆局部编织原理及实物图

如图4-12所示为左右不对称下摆编织原理及实物图，在编织针织毛衫的下摆时，调整局部编织的行数能够设计出斜度不一、造型各异的不对称下摆。在编织不对称下摆时，要突出的是织物的造型设计美。因此，毛衫的组织与花型应以简单为主，避免给人以繁杂的感觉。

如图4-13所示的圆弧形下摆

同斜边下摆编织原理相同，不同的是，圆弧形下摆编织时，改变了加减针的缓急程度，并且采用的是两边休止中间编织的方式。利用局部编织技术能编织出各种各样的不对称下摆，增加了针织毛衫的时尚感。

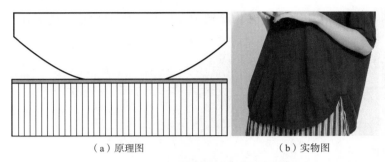

（a）原理图　　　　　　　　　　（b）实物图

图4-13　圆弧形下摆局部编织原理及实物图

四、在针织毛衫其他部位的应用

局部编织技术除了应用于上述部位的成形工艺外，还会用在服装的其他部位，如门襟、口袋、扣襻、肩襻等部位的编织，并且可以收胸省、腰省，形成褶裥。

1. 在门襟中的应用

局部编织技术在门襟中主要用于针织开衫的搭门处，配合纽扣、拉链和绳带连接左右衣片，它是针织服装布局的重要分割线，兼具功能性和装饰性。针织衫中门襟往往不是独立存在的，它总是与领子、下摆连为一体，成为一个整体结构。而连接处的拐角就需要通过局部编织技术来实现，如图4-14所示。在编织拐角时，先将织针逐渐休止，织出斜边形状，再将织针逐渐恢复编织，这样就完成了连接处拐角的编织，拐角的角度大小通过局部编织时减针、加针的缓急来控制。

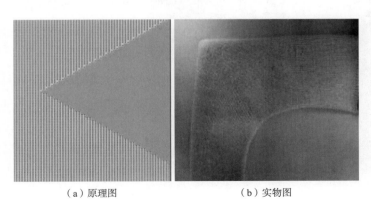

（a）原理图　　　　　　　　　　（b）实物图

图4-14　直角门襟局部编织原理及实物图

2. 在扣襻中的应用

使用局部编织技术还可以直接编织出扣襻，比如用于针织旗袍、针织礼服或其他针织服装，可直接将扣襻编织上去，方便省力，不需要再进行额外缝制。编织时，使用两侧休止中间编织的方式。若将扣襻编织在服装门襟的边缘，则采用一侧休止、一侧编织的方式进行编织。扣襻的长度根据局部编织的循环行数进行调整，这样直接在服装上编织出的扣襻效果自然、精致。其编织原理及实物展示如图4-15所示。

（a）原理图　　　　　　（b）实物图

图4-15　扣襻局部编织原理及实物图

3. 在省道和下摆中的应用

机织服装收省道是捏除多余量，收省之后有凸起的缝缝，有时会影响穿着舒适感。针织服装收省道不需要像机织服装那样捏除多余量，而是利用局部编织技术将需要收省道的部位直接收针，让面料隆起或者凹陷，形成具有立体效果的结构，没有凸起缝缝，穿着起来比较舒适。针织毛衫中省道的立体成形原理同机织服装一样，即去除一个三角量，两边拼接形成立体空间。捏除掉的省量就是局部编织需要休止的部分，根据设计好的省量和省尖位置，按规律循环进行休止收针，最后将休止的织针一次性复原参与编织，继续衣身的编织。局部编织技术实现了无缝收省，且能达到贴合人体生理曲线的目的，因此被广泛应用于针织服装的胸部、肘部、腰部、下摆等部位。如图4-16所示是局部编织在省道和下摆中的应用。

使用类似的方法还可以形成褶裥，只是与收省不同的是，收省用的是减针的方式，而褶裥用的是加针的方式，局部加针越多，褶裥效果越明显。

图4-16　局部编织在省道和下摆中的应用

五、在服饰配件中的应用

1. 在帽子中的应用

编织帽子等三维立体状织物时，局部编织技术是实现三维形状的关键。如图4-17所示，采用两边休止中间编织的方式可以编织最简单的帽子。帽子的大小受控于起始针数和循环数。在此原理的基础上，还可以编织出各种各样形式的帽子、头盔等。

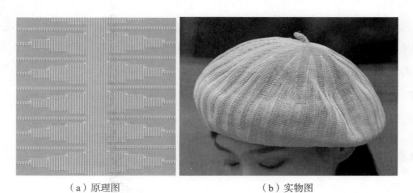

（a）原理图　　　　　　　　　（b）实物图

图4-17　帽子局部编织原理及实物图

2. 在成形鞋面中的应用

用电脑横机生产鞋面，是针织技术的一大飞跃，在针织鞋面的制作中，局部编织技术是必不可少的。通过局部编织技术能实现脚后跟、鞋口弧度等复杂部位的编织，以适应人体脚部的生理形态，使鞋子穿着起来更加舒适、帖服。如图4-18所示，为采用局部编织技术生产的针织成形鞋面。

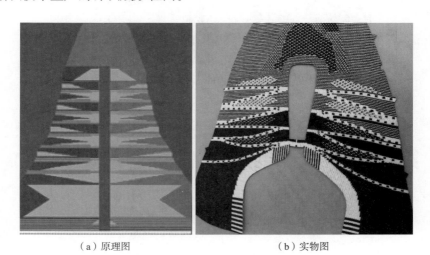

（a）原理图　　　　　　　　　（b）实物图

图4-18　成形鞋面局部编织原理及实物图

3. 在成形口罩中的应用

传统的口罩多为无纺布制品，如一次性医用外科口罩、N95口罩等。这些口罩不能水洗和重复利用。此外，还有少量用于夏季防晒、冬季保暖的口罩，这些口罩多为机织面料经裁剪缝制而成。而针织口罩可选用具有抗菌功能的纱线，结合弹力丝制作而成。在口罩的编织过程中，局部编织技术是实现口罩形态的关键，利用局部编织技术能形成符合人体面部的空间结构及鼻翼到耳朵部位的曲线形态，如图4-19所示。这种针织口罩不仅能起到抗菌、消毒的作用，还能水洗以重复利用。

图4-19　利用局部编织技术制作的口罩

4. 在其他服饰配件中的应用

除此之外，局部编织技术还应用于护膝、袜子、医疗保健等功能性服饰配件等诸多领域，应用十分广泛。如图4-20所示是局部编织技术在膝盖和袜跟部位的应用。

图4-20　局部编织技术在膝盖和袜跟部位的应用

第三节　局部编织技术在花型设计中的创新应用

局部编织技术在花型设计中的运用可谓是多种多样，它可与多种组织相结合形成丰富的花型效果。在针织毛衫的设计中，毛衫的组织设计与结构设计同样重要，不但影响针织毛衫的整体效果与风格，还影响针织服装的弹性、保暖性和生产效率。

针织毛衫的组织种类很多，主要包括原组织、变化组织和花色组织三大类。原组织是所有针织物组织的基础，线圈串套方式最为简单，如纬平针组织、双反面组织和罗纹组织。在原组织的基础上，改变部分线圈结构，或者将两个或两个以上的原组织进行复合，就产生了变化组织，如正反针组织、双罗纹组织等。花色组织是在基本组织的基础上采用编织入其他纱线，变换或取消串套过程中的某个阶段，从而改变线圈形态而形成的组织，通过花色组织使织物富有更显著的花式效应或特殊性能。局部编织技术是可以运用在任何一种组织上的编织方式，可以与一些基本组织进行结合，也可以与变化组织或花色组织进行结合，产生出丰富多样的外观效果。

一、局部编织技术与基本组织相结合

织物组织是针织服装的灵魂，即使是最简单的款式，组织上的变幻无穷及不同组织间的合理搭配也会使针织产品显现出独特的魅力。针织物的基本组织有纬平针组织、罗纹组织、双反面组织等。将局部编织技术与其中的一种或多种组织相结合能形成丰富多变的外观效果。

1. 与单色纬平组织相结合

单色纬平针织物是最简单的针织物，当与局部编织技术结合使用时，能够产生凸起点缀或褶皱等效应，打破了款式的单调、沉闷，使织物充满活泼感，而又不失优雅大方。如图4-21所示为局部编织与单色纬平相结合的实例，在单色纬平针织物上采用两边休止中间编织的局部编织方式，依次循环往上，产生一个个凸起的小方块，在织物表面起到点缀效果，如图4-21（a）为其编织原理图，图4-21（b）为相应的实物图。

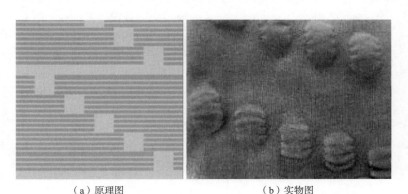

（a）原理图　　　　　　　　　　（b）实物图

图4-21　局部块状凸起编织原理及实物图

如图4-22所示为在单色纬平针织物上编织局部开口波浪凸条，凸条部分底部采用四平组织编织，与织物连接在一起；凸条其余部分采用不带翻针的线圈动作，一隔一编织，使其能够脱离织物而单独存在，形成一条条水样波纹镶嵌在织物上。

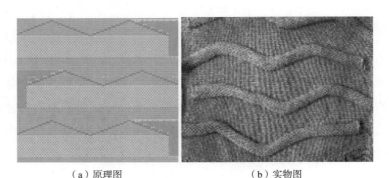

(a)原理图　　　　　　　　　　(b)实物图

图4-22　局部开口波浪凸条编织原理及实物图

2. 与正反针相结合

当正针、反针同时存在时，会使织物看起来有正针凹进、反针凸起的感觉，若将局部编织技术与正反针组织相结合进行编织，则会使这种凹凸效果更加明显。如图4-23所示为一种简单的局部编织技术与正反针相结合的实例，图4-23（a）为编织原理图，图4-23（b）为相应的实物图。织物整体采用反针结构，局部编织部分采用正针结构，因此，正针部分形成立体的方块突出于织物上面，与反针形成反差，使立体效果更佳。

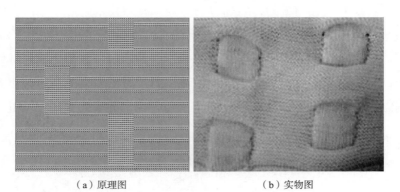

(a)原理图　　　　　　　　　　(b)实物图

图4-23　局部编织与正反针相结合编织原理及实物图

如图4-24（a）所示的织物中，白色与蓝色在编织时，均为不带翻针的正针、反针交替排列，且正针部分与四平组织相结合，使后面线圈吊起来，产生皱缩的效果；而反针部分采用局部编织技术并结合了集圈组织，正针部分与反针部分的编织比例为1：2，使反针部分形成膨大的效果，一紧一松，二者相得益彰。黑色正常编织，夹在两色之间，被拉扯或挤压而变形，正好与另两色错开，整体韵律和谐，形成波浪形花纹效果。

　　如图4-24（b）所示为使用正反针相结合编织的小树，图中织物整体为反针组织，正针在织物上凸起，形成小树的树根、树干与树枝，而小树的立体花蕾采用局部编织技术进行编织，整体虽然只有一个颜色，但有一种低调的艺术感。

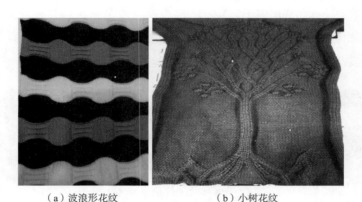

（a）波浪形花纹　　　　　　　　　　（b）小树花纹

图4-24　局部编织与正反针相结合实物图

二、局部编织技术与提花组织相结合

　　提花是运用两种以上不同颜色的纱线相互交织，从而编织出各种各样的图案，按种类分有浮线提花、芝麻点提花、空气层提花、露底提花，提花组织是实现花色效果图案的主要组织。局部编织技术与提花组织相结合能使丰富的提花图案更加立体，效果更加逼真，显得栩栩如生。

　　如图4-25（a）所示，图案中的效果是使用局部编织技术与横条提花相结合，局部编织技术产生斜向彩色条纹相隔效果，图案具有层次感；如图4-25（b）所示的效果是将局部编织技术与浮线提花相结合，使织物更富肌理感。

（a）与横条提花结合　　　　　　　　（b）与浮线提花结合

图4-25　局部编织与提花组织相结合实物图

三、局部编织技术与嵌花组织相结合

嵌花织物与提花织物相比，提花织物较厚重，若编织同样的色块图案，嵌花织物则更加轻薄。编织嵌花织物时要注意色块之间的连接须用特定的模块，通常采用集圈加浮线的方式在两色块之间进行交叉和锁定，若是取消这个连接模块则两个颜色之间会形成洞眼。如图4-26所示的局部编织技术与嵌花组织相结合的实例，使用局部编织技术编织楔形或凸起，形成较强烈的外观与肌理效果。

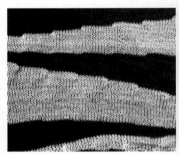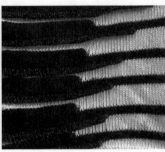

图4-26　局部编织与嵌花组织相结合实物图

四、局部编织技术与其他组织相结合

除了与基本组织相结合以外，局部编织技术还可与夹色、集圈、移针等多种组织相结合，编织出各种各样具有创意的花型，充分体现针织面料的艺术美。

如图4-27所示为局部开口凸条与夹色组织相结合，产生花苞状及凸起坠片效果。图4-27（a）为编织原理图，图中红色三角部分为局部编织，为了产生开口效果，要使用不带翻针的线圈，局部编织周围的地组织采用反针，按照此原理就能形成局部开口凸条，图4-27（b）为实物图。

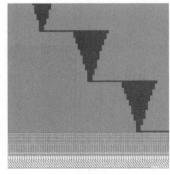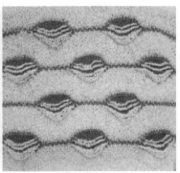

（a）原理图　　　　　　　　　（b）实物图

图4-27　局部编织与夹色组织相结合原理与实物图一

如图4-28所示为采用局部编织技术与夹色组织编织的闭口波浪凸条，其中图4-28（a）为编织原理图，图4-28（b）为实物图。

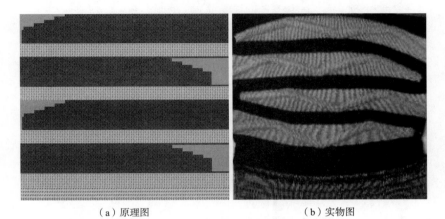

（a）原理图　　　　　　　　　　　（b）实物图

图4-28　局部编织与夹色组织相结合原理与实物图二

如图4-29所示为采用局部编织技术与绞花组织相结合编织的拧麻花效果，可结合不同色纱的运用，形成有特色的立体外观效果。

图4-29　局部编织与绞花组织相结合实物图

局部编织技术与不同的组织相结合能形成丰富的花型效果，在花型设计中担当着重要角色。电脑横机的发展使局部编织技术越趋完善，为设计师们创作丰富多样的花型提供了技术支持。局部编织在针织毛衫组织结构的设计和成形工艺中都发挥着重要作用。局部编织技术的编织原理并不复杂，但编织过程中要注意一些事项，如机头方向、局部编织的行数、色块与色块之间以及休止位置要进行特殊处理，避免形成孔洞或漏针等。合理利用局部编织技术能增加针织服饰的舒适性和设计感，使针织服装更趋向于时装化、高档化。如图4-30所示是局部编织技术在针织成衣秀场中的呈现。

图4-30　局部编织技术在针织成衣秀场上的呈现

第五章

局部编织技术在创意成衣编织中的实践

第一节　基于局部编织技术的鱼尾裙设计

一、鱼尾裙的整体设计说明

本案例设计的是一款长袖连衣鱼尾裙，其款式如图5-1所示。领部使用局部编织技术原身出领，结合移针、正反针等编织方式做出镂空效果；袖口为波浪边喇叭袖，喇叭效果采用打褶工艺来完成，袖口边缘呈波浪状，采用移针来实现，喇叭袖上部为一段镂空设计，也是采用移针方式形成挑孔，袖山部位为仿蕾丝效果，编织时，采用局部编织技术实现袖子成形编织；前片腰部为菱形镂空设计，后片背部为半透明仿蕾丝花型；前、后片肩部均采用局部编织技术进行成形衣片的编织。鱼尾裙前、后片的下摆处是斜线形（大身处斜下摆），最下面采用移针形成几排挑孔。鱼尾裙绽开的裙摆展开后是由两条阿基米德螺线组合而成的平面图形，缝合在大身斜下摆处自然垂下，形成波浪效果，优雅美观，造型独特。大身斜下摆及绽开的鱼尾裙摆均采用局部编织技术来实现。

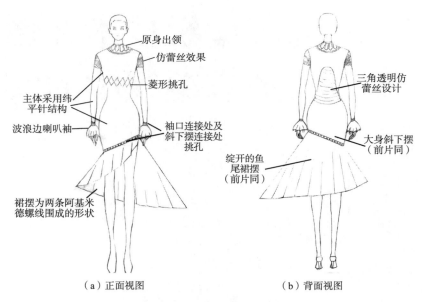

（a）正面视图　　　　　　　　（b）背面视图

图5-1　鱼尾裙设计样稿图

鱼尾裙的裙摆展开形状为两条阿基米德螺线围成的特殊形状，如图5-2所示。图中，内侧的阿基米德螺线在本案例中称为"内侧阿基米德螺线"（简称"内侧螺线"），其弧长由鱼尾裙的大身斜下摆围决定（内侧阿基米德螺线弧长 S_1＝大身斜下摆围），外侧的阿基米德螺线称为"外侧阿基米德螺线"（简称"外侧螺线"），外侧螺线的弧长由阿基米德螺线系数、内外侧两条螺线的夹角 γ 及射线 OAB 所在的角度决定。射线 OAB 所在的角度称为"终止角度"，它由内侧螺线的弧长 = 鱼尾裙的大身斜下摆围这个关系式推算而来。外侧螺线方程的阿基米德系数 $b_2 \geqslant$ 内侧螺线方程的阿基米德系数 b_1。因此，在相同的终止角度下，外侧阿基米德螺线的弧长大于内侧阿基米德螺线的弧长，整个形状就形成一个内窄外宽、内短外长的形状。当其应用在鱼尾裙上作为裙摆时会因为外侧多余量而形成垂下来的波浪，表现出一种特殊的鱼尾效果。

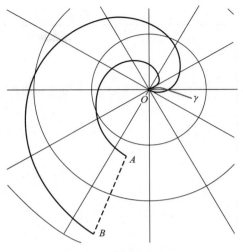

图 5-2　鱼尾裙摆形状图

二、成品规格尺寸

本案例中鱼尾裙成衣各部位尺寸参照女性标准人体 160/84A 来设计。标准女体 160/84A 各主要部位的人体净尺寸见表 5-1。

表 5-1　标准女体 160/84A 主要部位尺寸　　　　　　　单位：cm

部位名称	尺寸	部位名称	尺寸
颈中围	33.6	身高	160
颈根围	36	颈椎点高	136
胸围（B^*）	84	坐姿颈椎点高	62.5
臂围	28	腰围高	98
腰围（W^*）	68	全臀长	50.5
臀围（H^*）	90	臀高	19
大腿根围	55	背长	38
膝围	36	膝长	56.5
小腿中围	35	上裆长	26
踝围	22.7	下裆长	72
腕围	16	肩宽	38
—	—	胸宽	32

针织服装款式按松量大小可划分为紧身型、贴体型、舒适型与宽松型风格。这四种风格的各部位放松量见表 5-2。

表5-2　四种不同风格针织服装关键部位的松量　　　　　　　单位：cm

部位名称	基本尺寸	松量大小	服装风格
胸围（B）	B^*+内衣厚度	≤0	紧身
		0~8	贴体
		9~18	舒适
		≥18	宽松
臀围（H）	H^*+内衣厚度	≤0	紧身
		0~8	贴体
		9~18	舒适
		≥18	宽松
腰围（W）	W^*	≤0	紧身
		0~2	贴体
		3~6	舒适
		≥6	宽松

结合表5-1和表5-2，计算出160/84A贴体型上衣的各部位规格尺寸见表5-3。

表5-3　贴体型上衣各部位规格尺寸　　　　　　　单位：cm

部位名称	尺寸
衣长	56
胸围	84
腰围	68
领围	36
肩宽	38
袖长	58
腕围	16

160/84A贴体型下装短裙的各部位规格见表5-4。

表5-4　贴体型下装短裙各部位规格尺寸　　　　　　　单位：cm

部位名称	尺寸
裙长	54
臀围	94
腰围	70

根据设计款式图，这款鱼尾裙为贴体型风格，由于是针织服装，整体采用的组织结构为纬平针组织，具有一定的弹性。因此，内衣厚度忽略不计，且胸围、臀围、腰

围等处的松量皆取0。在参照表5-3和表5-4贴体型上、下装的基础上进行鱼尾裙各部位尺寸的设计，其成品设计尺寸见表5-5。

表5-5　鱼尾裙各部位尺寸　　　　　　　　　　　　　　单位：cm

部位名称	尺寸
裙长（除去裙摆部分）	91
袖长	58
肩宽	38
领围	36
胸围	84
腰围	68
臀围	90
腕围	16
大身斜下摆围	70

三、纱线的选用及小样下机密度测试

1. 纱线的选用

鱼尾裙所用的主体纱线为黑色黏胶丝，其中，腰部及以上，袖子、裙摆部分采用两根纱线编织，织物偏轻薄；臀部采用三根纱线编织，织物稍厚重。整件衣服的地组织采用纬平针组织，在纬平针组织的基础上，各部位细节结合其他纱线做了不同组织花型的改变。

编织鱼尾裙所使用的纱线主要有以下三种，其规格、成分、颜色及在鱼尾裙中的使用部位见表5-6。

表5-6　鱼尾裙所使用的纱线

名称	规格	成分	颜色	使用部位
黏胶丝	1/42NMB，高捻	100%黏胶	黑色	大身、袖子及裙摆的主体部位
透明丝	60S/1，无捻	100%尼龙	透明	袖山部位及后背部
银丝线	48S/1，普通捻	30%金属，70%涤纶	银色	喇叭袖口处

2. 各组织小样下机密度

按照纬编针织物横密、纵密的计算公式进行测量与计算，得到试织小样的下机密度见表5-7。

表5-7 试织小样的下机密度

名称	横密与纵密编号	密度值（个线圈/5cm）
两根黑色黏胶丝	p_{A1}	36
	p_{B1}	19.9
三根黑色黏胶丝	p_{A2}	26
	p_{B2}	18.5
半透明仿蕾丝花型	p_{A3}	35
	p_{B3}	32.5
袖口波浪边	p_{A4}	40
	p_{B4}	17.5
袖山部位仿蕾丝	p_{A5}	33.5
	p_{B5}	31.25

第二节　鱼尾裙的上机制作

一、制作前准备

1. M1 Plus花型软件操作流程

本案例鱼尾裙编织设备使用的是德国斯托尔公司生产的CMS系列电脑横机，型号为CMS 530HP Multiple Gauge，针距为7.2，满针编织针数为699针。在电脑上进行每个织片的花型程序设计时，大致流程如下。

① 打开M1 Plus花型设计软件，选择文件菜单下的"新花型"，如图5-3所示。

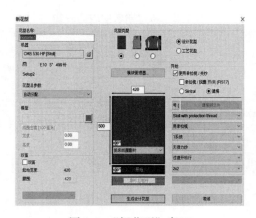

图5-3　"新花型"窗口

设置坯布的大小（坯布的大小根据计算好的工艺单来设置），坯布要略大于目标要做的衣片大小，选择使用"设计花型"。在此界面选择时，起头暂不添加，方便后续做花型，等花型做完后再添加起头。

② 打开定位模型，选择做好的模型直接调用，或者直接画出款式图，然后将边缘无用的织针动作抹掉，生成纯模型，加入丢失的边缘，定义边缘组织宽度和收针、放针数，如图5-4所示。

图5-4 定义边缘组织

③ 做各个部位的颜色排列编辑（CA），在做每一块花型的CA时，定义好机头方向、设置织物的NP（线圈长度）值、设置织物的牵拉，也可单独定义这一位置的机速，如图5-5所示。

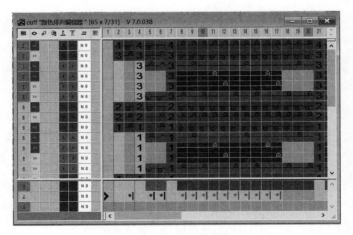

图5-5 CA工具示例图

④ 剪切模型，添加起头，更换颜色。添加起头时，根据所做的织物来选择不同的起头，一般袖口放罗纹起头，具有收口效果，毛衫常见的是罗纹袖口。下摆处也会应

用罗纹，但有的下摆想要平直服帖也可选用空转。特殊的袖口或下摆不想要收口或明显的起头时，可以简单使用两行起头，其余进行脱圈，织物完成后可以将大身或袖身以外的编织物拆下来。

⑤ 展开花型，打开"织物视图"，检查整个织片收、放针及拷针位置有没有错误，如图5-6所示。

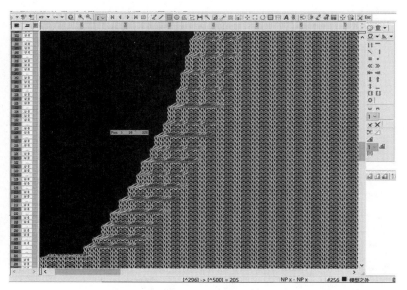

图5-6　检查织物

⑥ 添加安全行。若在织片结束时进行拷针，则不需要再添加安全行。一般使用安全行适用于下机之后进行套口的织物。

⑦ 排列导纱器。将导纱器放在上机时所使用的纱线相对应的位置，并检查各个导纱器的编织带入和带出情况。

⑧ 设置线圈长度。若在CA工具里没有定义线圈长度，则这里要设置线圈长度（NP值），线圈长度要根据所选用的纱线材质、粗细以及选用的组织等来进行设置。有时即使所用纱线支数相同，但不同的组织结构所设置的线圈长度也是有差别的。合适的线圈长度值会让织物表面的线圈紧致而不稀疏、平整而不歪斜。织物摸上去手感既不软烂又不紧绷。若线圈长度值设置不合适，不仅会影响织物手感和视觉效果，上机编织过程中也可能会出现断纱、破洞、线圈脱圈等问题。因此，设置合适的线圈长度值是必要的。

⑨ 设置织物牵拉。在设置织物牵拉时，如图5-7所示只改变图中标出的位置。单双面织物的牵拉值不同，单面织物的牵拉分别设置为"1.2""2.4""100""200"，双面织物的牵拉值分别设置为"2""4""100""200"。当局部编织时尤其是大量局部编织

时，织物会产生堆叠，在织物牵拉栏每隔100或200行先打开再关闭一下织物牵拉，防止织物拉力不均匀而使织针吃不上线圈。

否	WM(N)	WMF	WM	WM最	WM最	N 最	N 最	WMI	WM^	WMC	WM+	WM
1	WMN	1	0.0	1.2	2.4	100	200	3	0	10	20	50
2	WM	2	0.0	0.0	0.0	0	0	0	0	10	10	10
3	WM	3	2.0	0.0	0.0	0	0	0	20	10	10	10
4	WM	?	2.0	0.0	0.0	0	0	7	0	0	0	0
5	WM	3	30.0	0.0	0.0	0	0	3	0	0	0	10
6	WM	4	2.0	0.0	0.0	0	0	0	0	10	10	10
7	WM	5	0.0	0.0	0.0	0	0	0	0	0	0	0
8	WM	6	2.0	0.0	0.0	0	0	0	20	0	10	10
9	WMN	2	0.0	2.0	4.0	0	0	3	0	10	20	20
10	WMN	3	0.0	2.0	4.0	0	0	3	10	10	20	20
11	WM	7	0.0	0.0	0.0	0	0	0	0	0	0	0
12	WM	8	0.0	0.0	0.0	0	0	0	0	0	0	0

图5-7　设置织物牵拉值

⑩ 进行处理。软件会根据操作结果生成相应的计算机程序，用于上机编织。

⑪ 运行检查。检查此程序是否能够通过，若模拟结果通过，则基本上没有问题；若模拟通不过；则说明程序有问题，再导入基础花型或模型花型进行修改。

⑫ 若上述步骤全部完成，且运行检查通过，则可以导出MC文件，将其放到U盘的一个文件夹里，导入电脑横机上。

2. 上机操作流程

① 将U盘中的程序文件导入Stoll电脑横机控制面板，覆盖以前的花型。

② 进行TP检验，TP检验通过说明程序基本没有问题，可进行编织。

接下来点击"1行上的SP"开始执行程序，进行编织。在编织之前可以在机器上查看导纱器的使用情况，可以修改线圈长度值、循环数、机速等。

二、鱼尾裙衣身前片的编织

1. 计算成形工艺

鱼尾裙前片的组织结构主要是单面纬平针组织，其中腰部及以上使用的是两根黏胶丝，编织出来的织物较轻薄柔软，腰部以下使用的是三根黏胶丝，编织出来的织物相对较为厚实，适合用在臀部及以下部分，能够修饰臀形，强力也比较大。

编织前片时，首先根据横密和纵密来计算前片的成形工艺。前片成形工艺计算如图5-8所示。

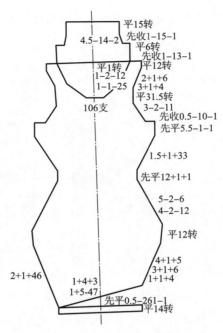

平15转
先收1-15-1
4.5-14-2
平6转
先收1-13-1
平1转 平12转
1-2-12 2+1+6
1-1-25 3+1+4
平31.5转
106支 3-2-11
先收0.5-10-1
先平5.5-1-1
1.5+1+33
先平12+1+1
5-2-6
4-2-12
平12转
4+1+5
3+1+6
2+1+46 1+4+3 1+1+4
1+5-47
先平0.5-261-1
平14转

图5-8 鱼尾裙衣身前片成形工艺

在M1 Plus花型设计软件中输入工艺，制作模型。制作前片模型时，由于衣片较长，且对于衣片来说上半部分对称，下半部分不对称，在制作模型时，可以将模型分为两部分。上半部分编辑模型时可使用对称功能，只需要输入左或右一边工艺即可；下半部分不对称，在编辑模型时使用不对称功能，将左右两边的工艺均输入进去。

由于鱼尾裙使用原身出领，因此在制作模型时，需要将领子一起编辑出来。在编辑领子时用开洞的方式先进行挖领，定出领部弧线，再将领子成形工艺输入进去，将领子形状编辑出来。然后与上半部分进行合并，则整个上半部分模型就做好了。

使用模型时，分别调入上、下两部分模型，将它们放到同一花型中（同一块坯布）调整好位置，就可以完成整个鱼尾裙衣身前片的模型编辑。

若要制作整个衣片的模型，则可以使用不对称功能，分别将左边和右边的工艺输入，再进行开洞挖领和添加领子工艺，这样整个前片的模型就制作完成了。与上述分成上、下两部分进行模型的制作过程相比，在此模型制作过程中分别进行左右两边的工艺输入，速度比较慢，因此，选择分开制作模型。制作模型时，在模型属性里定义收放针、边缘组织、拷针等属性，将来在调用模型时这些属性都是模型里定义好的，无须再单独进行定义。将模型制作好后，将其命名并保存为.shr文件。

2. 花型制作与工艺分析

在M1 Plus软件窗口界面，有织物视图、工艺视图和标志视图。织物视图可模拟花型做出来的实物状态，工艺视图可以看各个花型部分的织针动作，做花型时往往选择在标志视图中画图，操作比较精确且不容易出错。

（1）起底花型。鱼尾裙前片首先采用假四平针法进行编织。这时针床的位置为针槽相对。再采用三平组织，这样能够保证前后针床容易成圈，顺利完成起底的编织。最后采用脱圈工艺，使织片完成后顺利将废纱拆除。

（2）下摆的编织。鱼尾裙前片下摆处起底花型为挑孔组织。在挑孔时，相邻的两枚分别向左右两边移针，机器通过摇床挂到旁边的织针上形成孔洞。每隔两行进行一次，上下错开，形成镂空效应。对应的颜色排列（CA）如图5-9所示。

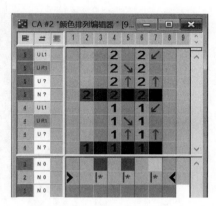

图5-9　鱼尾裙前片下摆CA图

衣片的下摆为斜下摆，非常规平直下摆类型，采用右边休止左边编织的方式进行编织，如图5-10所示。

图5-10　鱼尾裙前片下摆编织图

（3）大身的编织。鱼尾裙前片整个大身主要采用单面纬平针组织，在CA中不需要定义织针工作，默认使用花型中的前针床翻针动作。

（4）腰部的编织。鱼尾裙前片腰部设计了菱形挑孔，产生镂空效果，起到装饰腰部的作用。菱形挑孔的CA如图5-11所示。

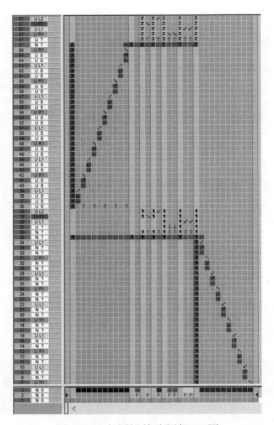

图5-11 鱼尾裙前片腰部CA图

（5）领子的编织。鱼尾裙前片领子为原身出领，使用局部编织来实现。组织结构采用挑孔加罗纹，采用黏胶丝与透明丝相结合。领子编织结束时使用拷针模块进行拷针。领子部位的CA如图5-12所示。

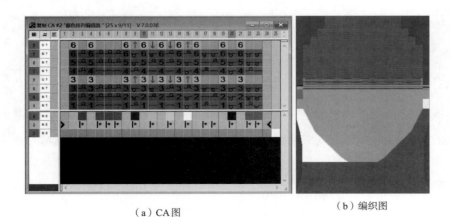

（a）CA图 （b）编织图

图5-12 鱼尾裙前片领子编织图

整个衣片的织物效果模拟图如图5-13所示。

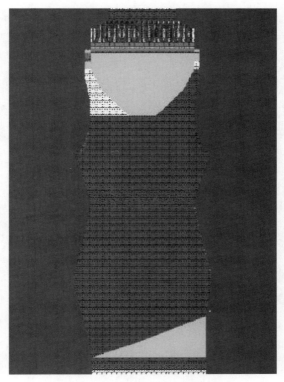

图5-13 鱼尾裙前片效果模拟图

3. 上机编织

（1）编织参数设置。鱼尾裙前片各部位对应的密度值、牵拉值与机速设置见表5-8。

表5-8 前片上机参数

组织、部位名称	前NP值	后NP值	最小牵拉	最大牵拉	机速
橡筋纱	18.0	18.0	1.2	5.0	4.0
起底废纱	9.0	9.0	1.2	5.0	4.0
下摆部位挑孔	13.8	13.8	1.2	5.0	3.5
腰部以下大身	13.4	13.2	1.2	5.0	5.0
腰部以上大身	12.8	12.5	1.2	5.0	5.0
领子	12.0	12.0	1.2	5.0	4.0
拷针	13.0	13.0	1.2	5.0	3.5

（2）导纱器设置。鱼尾裙前片共使用七把导纱器，橡筋纱使用一把导纱器，废纱使用一把导纱器，三根黏胶丝使用一把导纱器，两根黏胶丝在领部分成左右两把导纱器，透明丝在领部使用左右两把导纱器。

（3）循环设置。编织带有局部编织工艺的衣片时，尤其是下摆，往往会因为牵拉梳拉力不均导致织片在针床上堆叠，从而使织片因织针吃不上线圈而形成破洞或脱散。因此，在进行局部编织时，需要将织片拉到主牵拉的牵拉辊上，可以通过打开或关闭主牵拉的方式使堆叠的织片疏散，保证拉力均匀。在进行衣片的起底编织时，应将起头废纱的循环数设置得足够大（本案例中设置为"110"，须根据纱线粗细和密度进行合理设置），就可以在织片开始正式编织大身时已将织片拉到牵拉辊上，避免上述情况的发生。

三、鱼尾裙衣身后片的编织

1．计算成形工艺

鱼尾裙的后片同前片一样，组织结构主要是单面纬平针组织，腰部及以上使用的是两根黏胶丝，腰部以下使用的是三根黏胶丝，领部为黏胶丝与透明丝相结合。根据打样出来的密度值进行后片成形工艺的计算，鱼尾裙后片成形衣片如图5-14所示。

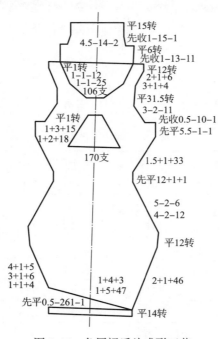

图5-14　鱼尾裙后片成形工艺

鱼尾裙后片同前片一样下摆处都是斜线形，左右不对称，因此将模型分成上下两部分进行制作，再进行挖领和开洞，最后将模型合并。同前片，在使用时将两半部分模型同时调入同一块坯布中，调整模型的位置，对接好即可。

2. 花型制作与工艺分析

（1）起底花型。鱼尾裙后片同前片一样，起底废纱采用假四平和三平组织进行编织，待整个衣片编织完成后，拆除废纱。

（2）下摆的编织。鱼尾裙后片的下摆与前片的倾斜方向相反，使用左边休止右边编织的局部编织方式进行编织。花型组织同前片一样先用纬平针组织通织后进行挑孔编织，错开方式与前片相同。鱼尾裙后片对应的CA如图5-15所示。

（3）背部的编织。鱼尾裙后片背部的三角形区域使用黏胶丝加透明丝编织半透明仿蕾丝效果。黏胶丝编织三平组织，透明丝采用一隔一编织工艺，偶数行与奇数行错开编织。整个三角区域的花型单独编织，周围组织使用中间休止两边编织的局部编织方式将三角区域的花型嵌入进去。鱼尾裙后片背部的CA及编织原理如图5-16所示。

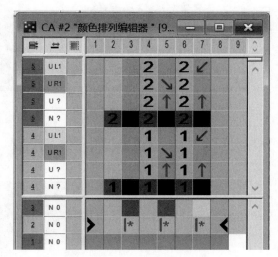

图5-15　鱼尾裙后片CA图

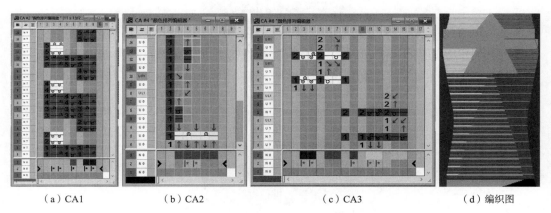

（a）CA1　　　　（b）CA2　　　　（c）CA3　　　　（d）编织图

图5-16　鱼尾裙后片背部编织图

（4）领部的编织。鱼尾裙后片在领部同样使用了原身出领，后片和前片在领部收针时都使用了费尔岛收针，使领子部位的花型能够对接完整，且领子能够实现均匀收针，更加帖服颈部生理曲度。领部的编织如图5-17所示。

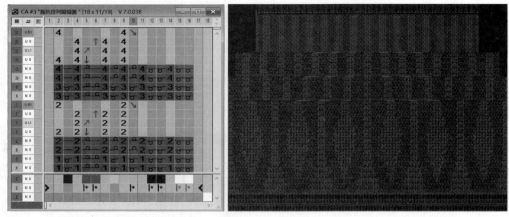

（a）CA图　　　　　　　　　　　　　　（b）编织图

图5-17　鱼尾裙后片领部编织图

整个鱼尾裙后片织物效果模拟图如图5-18所示。

图5-18　鱼尾裙后片效果模拟图

3. 上机编织

（1）编织参数设置。鱼尾裙后片各部位对应的密度值、牵拉值与机速设置见表5-9。

表5-9　后片上机参数

组织、部位名称	前NP值	后NP值	最小牵拉	最大牵拉	机速
橡筋纱	18.0	18.0	1.2	5.0	4.0
起底废纱	9.0	9.0	1.2	5.0	4.0
下摆部位挑孔	13.8	13.8	1.2	5.0	3.5
腰部以下大身	13.4	13.2	1.2	5.0	5.0
腰部以上大身	12.8	12.5	1.2	5.0	5.0
背部三角区域	12.0	12.2	1.2	5.0	4.0
领子	12.0	12.0	1.2	5.0	4.0
拷针	13.0	13.0	1.2	5.0	3.5

（2）导纱器设置。鱼尾裙后片共使用六把导纱器，橡筋纱使用一把导纱器，废纱使用一把导纱器，三根黏胶丝使用一把导纱器，两根黏胶丝在领部分成左右两把导纱器，透明丝使用一把导纱器。

（3）循环设置。同前片一样，为了使用局部编织工艺编织衣片的斜下摆时能顺利进行，不会因拉力不均而产生衣片的损坏，在正式编织鱼尾裙衣片大身之前，须将织片拉到主牵拉的牵拉辊上。起头废纱的循环数同样设置为"110"，保证织片顺利完成编织。

四、鱼尾裙袖子的上机制作

1. 计算成形工艺

袖子主要用到四种花型组织，第一种同大身一样，是由黏胶丝编织的纬平针单面组织；第二种是袖口处的移针组织，形成波浪效果；第三种是在喇叭袖与袖身连接处的挑孔；第四种是由透明丝和黏胶丝编织的仿蕾丝花纹组织。根据袖片小样的下机密度进行袖子成形工艺的计算，如图5-19所示。

鱼尾裙的袖子不同于前、后片，袖子模型是左右对称的，因此，直接制作对称模型即可，在编辑袖片时直接调入使用。

2. 花型制作与工艺分析

（1）起底花型。同前、后片一样，鱼尾裙袖子

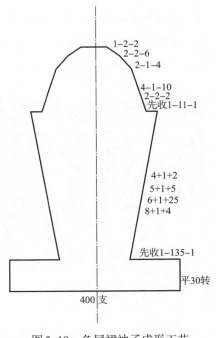

1-2-2
2-2-6
2-1-4

4-1-10
2-2-2
先收1-11-1

4+1+2
5+1+5
6+1+25
8+1+4

先收1-135-1

平30转

400支

图5-19　鱼尾裙袖子成形工艺

99

起底废纱采用假四平和三平组织进行编织，待整个袖片编织完成后，拆除废纱。起头选择空转，将循环数删除，只留下两行空转组织，既能保证顺利成圈，又不会破坏花型的完整性和效果。

（2）袖口部位的编织。鱼尾裙袖片正式编织的袖口部位采用移针方式编织出类似正弦曲线的波浪效果；使用打褶工艺进行打褶，产生喇叭效果，这种带波浪效果的喇叭袖口给人一种浪漫活泼的感觉；再结合金银丝进行编织，有种闪光感，使袖子整体俏皮可爱而又不失优雅，如图5-20所示。

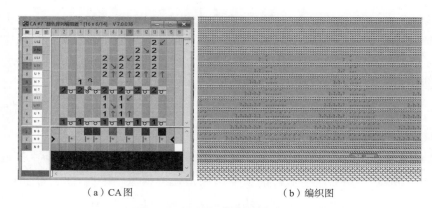

（a）CA图　　　　　　　　　　（b）编织图

图5-20　鱼尾裙袖口部位的编织

喇叭袖的实现方式通常有直接收针（起底宽，到袖口处慢慢收窄）、双鱼鳞组织、打褶等方式。直接收针形成的喇叭袖不均匀，所做的幅度也比较受限。双鱼鳞组织又叫"胖花组织"，下面袖口处的线圈数量是上面的两倍，因此，会膨大散开，呈喇叭状；这种组织也常用来做荷叶边效果，但是喇叭效果不明显。打褶工艺收褶比较均匀，组织结构不受限制，如图5-21所示。

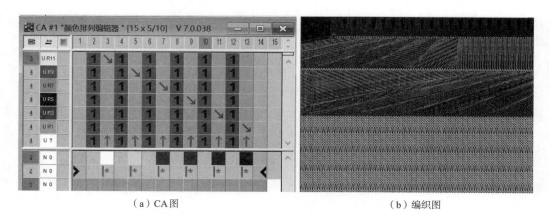

（a）CA图　　　　　　　　　　（b）编织图

图5-21　鱼尾裙喇叭袖打褶工艺

（3）袖身部位的编织。鱼尾裙袖身部分整体采用两根黏胶丝织成的平纹组织，袖腕处采用挑孔设计，形成网眼的镂空感，起到装饰效果，如图5-22所示。

（4）袖山部位的编织。鱼尾裙袖山部分结合透明丝一起制作具有蕾丝效果的花型。上部袖山处使用黑色黏胶丝间隔透明丝做出半透明效果，且运用黑色黏胶丝与透明丝做花型，产生蕾丝效果，使整个袖子的上半部看起来优雅美观，如图5-23所示。

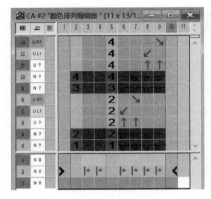

图5-22　鱼尾裙袖身部位CA图

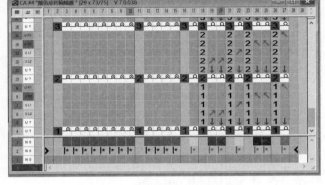

图5-23　鱼尾裙袖山部位CA图

整个鱼尾裙织物袖子效果模拟图如图5-24所示。

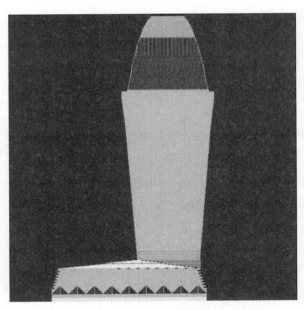

图5-24　鱼尾裙袖子效果模拟图

3．上机编织

（1）编织参数设置。鱼尾裙袖子各部位对应的密度值、牵拉值与机速设置见表5-10。

表5-10　袖子上机参数

组织、部位名称	前NP值	后NP值	最小牵拉	最大牵拉	机速
橡筋纱	18.0	18.0	1.2	5.0	0.4
起底废纱	9.0	9.0	1.2	5.0	0.4
喇叭袖口	13.0	13.0	1.2	5.0	0.35
打褶部位	13.5	13.5	1.2	5.0	0.30
袖腕挑孔	13.0	13.0	1.2	5.0	0.35
袖子大身	12.8	12.5	1.2	5.0	0.5
袖山	11.0	11.0	1.2	5.0	0.4
拷针	14.0	14.0	1.2	5.0	0.35

（2）导纱器设置。鱼尾裙袖子共使用五把导纱器，橡筋纱使用一把导纱器，废纱使用一把导纱器，两根黏胶丝使用一把导纱器，喇叭袖处金银丝与黏胶丝使用一把导纱器，透明丝使用一把导纱器。

（3）循环设置。鱼尾裙袖子不同于前后片，起始处没有局部编织工艺，起始废纱的循环数只需要按照正常织片的要求设置，不需要大量编织废纱使其拉到牵拉辊。其他处的循环数按需设置即可。

五、鱼尾裙裙摆的上机制作

1.计算成形工艺

鱼尾裙裙摆为两条阿基米德螺线围成的不规则形状，在上机制作时不能采用常规制作方法，为达到形状采用分多次插入多个三角的方式进行引返针编织。裙摆的形状可以近似看作由一个个小矩形和三角形组成的图形。因此，可以将这个形状进行切分，如图5-25所示，切分成一个个小矩形和小三角形。然后，采用局部编织技术来实现裙摆形状的编织，通过分多次插入三角的方式实现弧度和多余量的转化。因为是插入三角的方式，很难做到绝对的圆顺，因此，只能近似达到形状的逼近。

鱼尾裙裙摆的花型组织只有一种，即纬平针单面组织，主要注重造型上的变化。计算裙摆

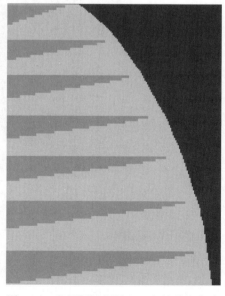

图5-25　鱼尾裙裙摆插入三角的编织方式

的成形工艺时，不同于常规衣片的工艺计算，计算及操作过程较为复杂。由上面已知，外侧的阿基米德螺线方程为式（5-1）：

$$r_2 = \frac{36}{\pi}\theta \tag{5-1}$$

根据内侧阿基米德螺线的弧长公式（5-2）计算得：

$$s_1 = \frac{9}{\pi}\left(\beta\sqrt{1+\beta^2} + \ln\left|\beta+\sqrt{1+\beta^2}\right|\right)$$
$$= 82\text{cm} \tag{5-2}$$

该裙摆的内侧弧线长为82cm。

根据纵密可得式（5-3）：

$$82 \times \frac{1}{5}p_{B1} \approx 326 \tag{5-3}$$

因此，裙摆内侧为326转，共652行。

当外部螺线起始处比内部螺线多56°时，也即$\gamma=56°$，外侧螺线的终止角计算见式（5-4）：

$$\theta = \frac{97}{60}\pi + \frac{14}{45}\pi = \frac{347}{180}\pi \tag{5-4}$$

将其直接代入，计算得外侧弧线长为式（5-5）：

$$s_2 = \int_0^{\frac{347\pi}{180}}\sqrt{\left(\frac{36}{\pi}\theta\right)^2 + \left(\frac{36}{\pi}\right)^2}\,\mathrm{d}\theta = \frac{36}{\pi}\int_0^{\frac{347\pi}{180}}\sqrt{\theta^2+1}\,\mathrm{d}\theta$$

$$= \frac{36}{\pi} \times \frac{1}{2}\left(\theta\sqrt{\theta^2+1} + \ln\left|\theta+\sqrt{\theta^2+1}\right|\right)\Big|_0^{\frac{347\pi}{180}} \tag{5-5}$$

$$= \frac{18}{\pi} \times \frac{347\pi}{180}\sqrt{1+\left(\frac{347\pi}{180}\right)^2} + \frac{18}{\pi}\ln\left|\frac{347\pi}{180} + \sqrt{\left(\frac{347\pi}{180}\right)^2+1}\right|$$

$$\approx 227$$

所以，外侧螺线的弧长为277cm。

根据纵密可得式（5-6）：

$$227 \times \frac{1}{5}p_{B1} \approx 903 \tag{5-6}$$

计算出裙摆外侧为903转，共1806行。

所以外侧共比内侧多出577转，共1154行。这577转要近似均匀地以三角的形状插入其间，这就需要局部编织来实现。

由上面已知式（5-7）：

$$AB = r_2 - r_1 = 39.9 \tag{5-7}$$

根据横密可得式（5-8）：

$$39.9 \times \frac{1}{5}p_{A1} \approx 287 \tag{5-8}$$

因此，裙摆起底为287针。裙摆最尖端原则上为0，但在实际上机操作过程中不可能做到极尖的效果，因此留十支近似裙摆尖。从宽到窄以逐步收针的方式来实现。具体编织工艺如图5-26所示裙摆工艺单。

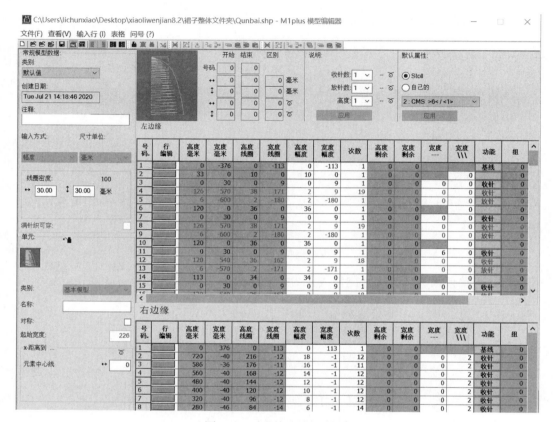

图5-26 鱼尾裙裙摆工艺单

2．花型制作与工艺分析

（1）起底花型。同前面一样，鱼尾裙裙摆起底废纱采用假四平和三平组织进行编织，待整个裙摆编织完成后，拆除废纱。起头选择空转，将循环数删除，只留下两行空转组织，避免织片变形。

（2）裙摆大身部分的编织。鱼尾裙裙摆大身部分整体采用两根黏胶丝织成的平纹组织，没有其他组织结构上的变化，简洁大方，避免累赘。

3．上机编织

（1）编织参数设置。鱼尾裙裙摆前后片各部位对应的密度值、牵拉值与机速设置见表5-11。

表5-11　鱼尾裙裙摆前后片上机参数表

组织、部位名称	前NP值	后NP值	最小牵拉	最大牵拉	机速
橡筋纱	18.0	18.0	1.2	5.0	0.4
起底废纱	9.0	9.0	1.2	5.0	0.4
裙摆大身	12.8	12.5	1.2	5.0	0.5
拷针	14.0	14.0	1.2	5.0	0.35

（2）导纱器设置。鱼尾裙裙摆前后片共使用三把导纱器，橡筋纱使用一把导纱器，废纱使用一把导纱器，裙摆大身使用一把导纱器。

（3）循环设置。鱼尾裙裙摆因为整体几乎全部采用局部编织技术进行编织，且左右严重不对称，外侧线圈行数比内侧多出很多，因此，在编织裙摆时，要同前后片一样，在正式编织裙摆之前先要大量编织废纱，将织片拉到主牵拉，以防止因局部编织产生织片堆叠而使织片遭到破坏。且在编织过程中要每隔100行左右打开、关闭牵拉辊一次，使织片保持拉力均匀。

六、成衣测量结果验证

将鱼尾裙的前后片、袖子、裙摆缝合起来制作成最终的成衣，成衣穿在模特身上的效果，如图5-27所示。

（a）正面视图　　　　　　　　　　　（b）背面视图

图5-27　鱼尾裙成衣效果展示

第六章

Stoll 电脑横机编织肌理织物

PART 6

本章主要基于德国 Stoll 电脑横机 CMS 530 HP 多针距型及其花型设计软件 M1 Plus，介绍针织服装传统肌理效果与新型肌理效果的常用工艺设计方法。传统肌理效果主要通过正反针、移圈、集圈、变换密度等传统方法形成肌理的工艺效果；新型肌理效果主要通过对传统方法进行延伸或改变，而产生新型肌理的工艺方法，主要可以分为四大类：移圈浮线法、集圈延伸法、提花编织法和局部编织法。

第一节 传统肌理织物的工艺设计

一、正反针

正反针是针织物的基本编织针法，由前、后针床参与编织而成。前床编织形成正面线圈，圈柱覆盖圈弧；后床编织形成反面线圈，圈弧覆盖圈柱。利用正反针线圈的交叉配置，可产生凹凸肌理效果。在电脑横机编程过程中，可以根据设计花型图案的要求，在工艺视图中将正面线圈和反面线圈进行不同排列，形成不同的肌理效果。

在针织物中，纬平针、罗纹和双反面组织被称为三原组织，其中纬平针就是由单针床编织而成，而罗纹组织和双反面组织是由双针床编织而成。如图6-1（a）所示是在纬平针基础上，有规律地排列正方形反针，进行工艺设计，使织物表面形成肌理效果。在正反针交界处，肌理效果尤其明显，具体实物效果如图6-1（b）所示。如图6-1（c）所示是利用正反针不同的肌理效果进行花型图案设计，利用反针将不规则的菱形格纹铺满整个组织，使花型图案部分凸起在织物表面，形成肌理，实物图如图6-1（d）所示。如图6-1（e）所示是2+3罗纹组织的标志视图，是由纵行的正反面线圈组合交叉排列，形成纵向条纹立体效果，实物图如图6-1（f）所示。如图6-1（g）所示则是2+2双反面组织的标志视图，是由横列的正反面线圈组合交叉排列，形成横向条纹立体效果，实物图如图6-1（h）所示。

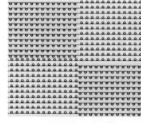
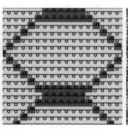

（a）方形标志视图　　　（b）方形实物图　　　（c）菱形标志视图　　　（d）菱形实物图

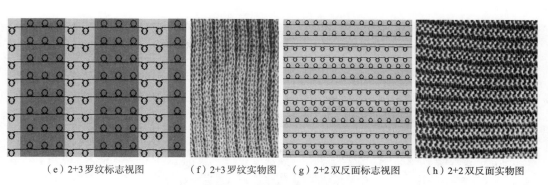

（e）2+3罗纹标志视图　　（f）2+3罗纹实物图　　（g）2+2双反面标志视图　　（h）2+2双反面实物图

图6-1　正反针设计实例一

电脑横机的自动翻针功能大大降低了针织组织设计的难度，利用这一功能，根据前后针床翻针原理，可以对针织基础组织做出多种变化设计，使各种由正反针组合的花型图案具有不同的肌理效果。如图6-2（a）所示是改变双反面组织的正面线圈和反面线圈的配置，形成的具有阶梯感和凹凸肌理的变化组织，如图6-2（b）所示，其实物图肌理效果明显。如图6-2（c）所示则是斜向改变正反针线圈的排列，形成波纹状凹凸肌理，其实物效果如图6-2（d）所示。

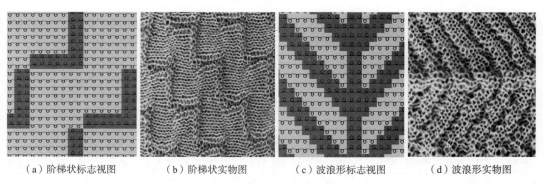

（a）阶梯状标志视图　　（b）阶梯状实物图　　（c）波浪形标志视图　　（d）波浪形实物图

图6-2　正反针设计实例二

二、移圈

在电脑横机上，移圈组织可以通过选针系统依靠针床移动和翻针片来自动完成移圈，不仅效率高，花色变化也多。移圈组织可以是单面的，也可以是双面的，通过在不同的地组织上移圈，使线圈之间相互交错、扭曲，从而在织物表面产生网眼、凹凸等不同肌理效果，如图6-3所示是移圈设计的一个实例。编程时，可以采用不同方向，根据移针数量和位置的不同进行多种排列组合，可以形成各具特色的肌理花型图案，最常见的如绞花和阿兰花，设计实例如图6-4所示。

移圈组织可以根据花纹设计的要求，将某些单一织针上的线圈移到相邻织针上，使被转移处形成孔眼效应，也可以对多个连续线圈进行同向或不同向转移，形成图案效果。如图6-3（a）所示是对单个线圈进行转移形成的挑孔组织，形成网眼及镂空效果的单面移圈织物组织，其实物如图6-3（b）所示。如图6-3（c）所示是采用连续移圈，在移圈的边缘部位会因为线圈的转移形成镂空，其余移圈部位线圈相互转移并不会形成孔洞，但有一定的图案效果，其实物如图6-3（d）所示。

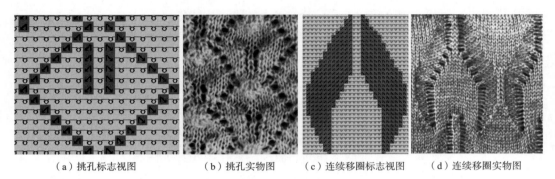

（a）挑孔标志视图　　　（b）挑孔实物图　　　（c）连续移圈标志视图　　　（d）连续移圈实物图

图6-3　移圈设计实例一

除了单向转移线圈外，还可以进行线圈互移，如绞花、阿兰花等。如图6-4（a）所示是将2×2绞花组织错落排列，形成的新型图案花型肌理组织，其实物效果如图6-4（b）所示。利用移圈使两个相邻纵行上的线圈相互交换位置，在织物中形成凸出于织物表面的倾斜线圈纵行，可以形成菱形、网格等肌理花型组织。如图6-4（c）所示是在阿兰花组织基础上，加入正反针，形成新型凹凸效果的变化组织，其实物效果如图6-4（d）所示。

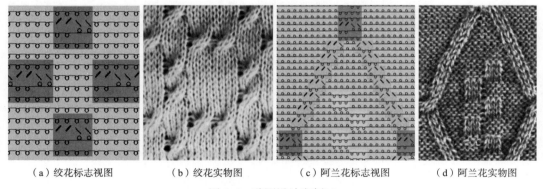

（a）绞花标志视图　　　（b）绞花实物图　　　（c）阿兰花标志视图　　　（d）阿兰花实物图

图6-4　移圈设计实例二

三、集圈

集圈组织是在针织物的某些线圈上，除套有一个封闭的旧线圈外，还有一个或几个未封闭悬弧，悬弧在纱线弹性力的作用下，力图伸直，将相邻的纵行两侧推开，从而在相邻纵行和集圈之间形成网眼、凹凸等肌理效果。集圈在单面织物和双面织物上都可以实现，并且根据集圈针数的不同有单针、双针、三针集圈等，根据封闭线圈上悬弧的多少又可以分为单列、双列和三列集圈等。

单面集圈组织花纹变化繁多，利用集圈单元在平针组织中位置和次数的不同，可以形成凹凸、网眼、斜纹、褶皱等各种效应的肌理效果。如图6-5（a）所示是利用有规律地间隔分布四列集圈，形成具有肌理效果的单面集圈组织，其实物效果如图6-5（b）所示，不仅有肌理，还有菱形格纹图案效果。

双面集圈组织则是在双面组织的基础上进行集圈编织形成的，双面集圈可以在一个针床上集圈，也可以同时在两个针床上集圈。如图6-5（c）所示是双面集圈织物，在织物两面交替进行集圈，两个横列一个循环，由于织物结构不对称，织物两面具有不同的密度和外观，下机后集圈悬弧力图伸直，使与悬弧相邻的线圈呈圆形鱼鳞状，实物效果如图6-5（d）所示。集圈形成的肌理效果明显，和其他具有肌理效果的组织搭配更能体现针织织物的风格特色。

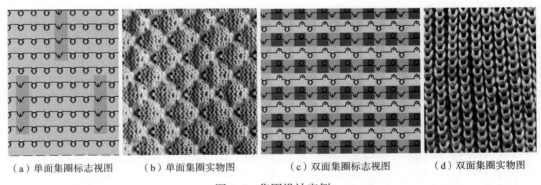

（a）单面集圈标志视图　　（b）单面集圈实物图　　（c）双面集圈标志视图　　（d）双面集圈实物图

图6-5　集圈设计实例

四、变换密度

针织物是由一个个线圈相互串套而成，不同组织结构的密度也不同，织物肌理也不同。因此，可以通过局部编织、组织搭配、脱圈等方法促使织物局部密度改变来产生肌理效果。

对织物进行局部编织，在相应部位上的线圈就会凸起，形成肌理。如图6-6（a）、（b）所示是利用局部编织方法获得卷边效果的标志视图和实物图。该组织是利用前后针床分开编织而成，先在后针床编织几个横列，再在前针床起针，一隔一出针，编织前针床线圈，几个横列后，将所有的前针床线圈翻针到后针床上继续编织，前针床编织的几个横列线圈就被套在后针床上，并且由于单面织物的卷边性，这几个横列的前针床线圈会卷边，形成肌理效果。如图6-6（c）、（d）所示的局部编织凸条全在后针床上编织而成，采用不同纱线，在后针床的某一横列进行局部编织，形成长短不一的凸条效果。

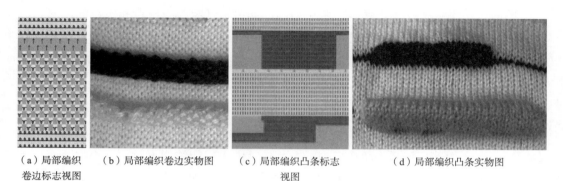

| （a）局部编织 卷边标志视图 | （b）局部编织卷边实物图 | （c）局部编织凸条标志 视图 | （d）局部编织凸条实物图 |

图6-6　变换密度设计实例一——局部编织

　　除了利用局部编织，还可以采用不同组织搭配形成变化的密度，进而使织物表面形成不同的肌理感。如图6-7（a）所示是将纬平针与罗纹相结合的实例设计，罗纹是由前后针床共同编织形成，而纬平针只在前针床进行编织，形成的密度各异。所以，生成的组织就因密度不同而形成凹凸不平的肌理。其实物效果如图6-7（b）所示。如图6-7（c）、（d）所示是实例组合设计2的标志视图和实物图，也是将不同的组织进行合理搭配形成，主要是正反针和罗纹。由此可见，即使是简单的织物组织，不同的搭配也会产生丰富多彩的肌理变化。

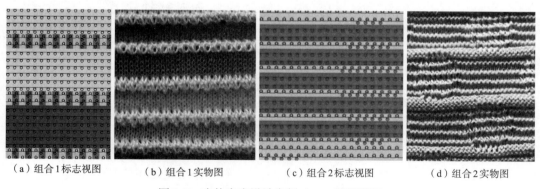

| （a）组合1标志视图 | （b）组合1实物图 | （c）组合2标志视图 | （d）组合2实物图 |

图6-7　变换密度设计实例二——组织搭配

　　此外，还可以通过脱圈放松局部线圈的密度形成泡泡凹凸效应。如图6-8所示是通过脱圈形成肌理的实例设计，下部是将纬平针和1+1罗纹结合，通过不同的组织搭配形成肌理；中部则是将部分纬平针的线圈脱圈；上部是将部分纬平针变成1+1罗纹，并将罗纹中后针床的线圈脱圈，整个织片就形成三种不同的肌理。

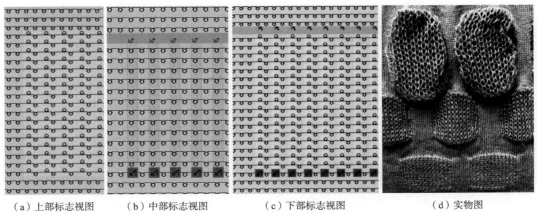

| （a）上部标志视图 | （b）中部标志视图 | （c）下部标志视图 | （d）实物图 |

图6-8　变换密度设计实例三——脱圈

第二节　新型肌理织物的工艺设计

在对针织服装肌理的研究过程中，发现通过改变传统织物组织的织针动作，就可以产生新型的织物肌理。根据改进时所采用传统方法的不同，形成新型肌理的工艺设计主要可以分为四大类：移圈浮线法、集圈延伸法、提花编织法和局部编织法。其中，集圈延伸法又可以分为集圈挂线法、集圈浮线法和集圈脱圈法。

一、移圈浮线法

移圈法多用于形成孔眼织物组织肌理，所以，移圈浮线法是相对于移圈孔眼组织而言，它是在移圈的基础上产生的不同于孔眼织物的浮线网状肌理织物组织，可以是单面织物，也可以是双面织物。根据移圈组织的形成原理，当线圈单向移动时，织物可以形成镂空孔眼的肌理效果；线圈双向移动时，织物可以形成凹凸的肌理。移圈浮线法在移圈的基础上，使移圈后的织针改变移圈孔眼织物的动作状态，不立即参与编织工作，在后续编织中，该织针所在纵行会形成浮线，然后在编织一定数量的横列后该织针再参与编织。在移圈浮线法形成的织物花型组织结构单元中，浮线占据较大面积。如图6-9所示是移圈浮线法花型意匠图示例，其中"⊠"表示成圈，"▣"表示移圈，"☐"表示浮线。

根据花型图案设置的不同，移圈浮线法可以编织各种图案。该方法利用了织针动

图6-9　移圈浮线法花型意匠图

作的细微改变，便捷地形成浮线状织物外观效果。移圈浮线法根据不参与编织工作的织针数不同，所形成的织物组织中浮线的长短也不同，经过有规律地设计后，就可以形成有一定图案效果的肌理织物组织。需要注意的是，这种图案的构成只有浮线，在设计时注意移圈的织针的排列。

在编制程序时，移圈浮线法工艺设计所采用的织针动作为"浮线"，图标为 ÷。当移圈完成后，在移圈后织针上进行浮线设计。在设计时，注意每一行连续不参与编织的织针数不宜过多，否则在织针再次参与编织时很容易引起脱圈，进而使织物产生破洞。如图 6-10 所示是移圈浮线法设计实例 1，是在单向移圈后，利用移圈浮线法形成的网状肌理织物组织，其标志视图如图 6-10（a）所示。所采用的织针动作主要是移圈和浮线，编织的试验小样实物图如图 6-10（b）所示，经过设计后形成的浮线也具有一定的图案花型效果。

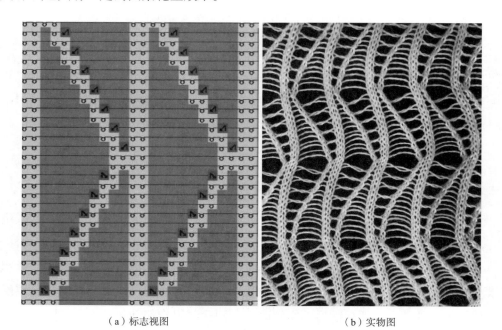

（a）标志视图　　　　　　　　　（b）实物图

图6-10　移圈浮线法设计实例一

如图 6-11 所示是实例设计 2，是双向移圈形成绞花组织后，再进行移圈浮线设计。织物组织中既有立体绞花，又有浮线镂空，肌理效果更明显。如图 6-11（a）所示是移圈浮线法设计实例 2 的标志视图，采用的织针动作除了移圈和浮线，还有绞花。实物小样效果如图 6-11（b）所示。

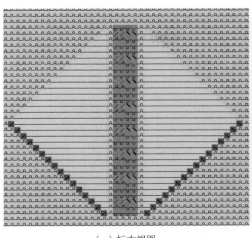
（a）标志视图

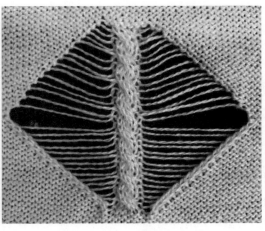
（b）实物图

图6-11 移圈浮线法设计实例二

移圈浮线可以和多种组织结合形成独具风格的肌理效果，如图6-12所示，是移圈浮线和集圈组织相结合。在移圈产生浮线后，进行集圈，有规律的设计使浮线形成圆弧形孔洞，如同小拱门般，将其运用到针织服装的肌理设计中更增添了一种建筑风味。

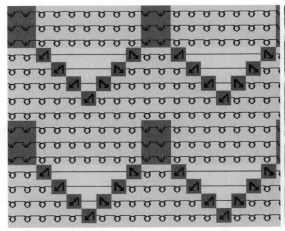
（a）标志视图

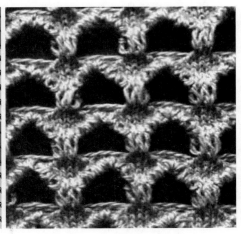
（b）实物图

图6-12 移圈浮线与集圈结合设计

利用移圈浮线法形成的织物的肌理效果与脱圈组织较为相似，但两者在形成原理上有很大差别。脱圈组织是在编织成完整的线圈后，通过脱圈织针动作，使某些纵列的线圈脱散成浮线，进而形成破洞风格的织物肌理效果。由于脱圈织物是将完好的线圈脱散，形成的浮线长度相较于移圈浮线法长得多，所以更容易勾丝，服用性能并不是很好。另外，脱圈不能形成图案效果，而移圈浮线法可以根据花型图案进行浮线设计，使之形成图案效果。

115

二、集圈延伸法

通过改变集圈工艺设计时某些织针的动作，可以分为以下三种新型设计方法，即集圈挂线法、集圈浮线法和集圈脱圈法。

1. 集圈挂线法

集圈挂线法与集圈的形成原理很相似。集圈是在某些线圈上，除了有一个封闭的旧线圈之外，还有一个或几个未封闭的悬弧。集圈挂线法是某些织针上只有一个封闭的旧线圈，但该织针既不退出工作位置，也不参与编织，经过几个横行的编织后，再参与编织工作。集圈挂线法要求前后针床都参与编织，当前针床的某些织针处于挂线状态时，后针床继续编织，挂线结束后，将前针床上挂线的线圈翻针到后针床上，结束挂线。由于后针床编织的行数比前针床多，翻针后，后针床在前针床挂线期间编织的部分会因为前针床线圈的拉扯而收缩，进而形成凸起的肌理效果。

如图6-13所示是集圈挂线法的织物编织示例图。如图所示，第1工艺行为起始行，第2工艺行中后针床线圈挂线，前针床继续编织，编织行数可自由定义，第3工艺行为翻针行，将后针床挂线线圈翻到前针床。根据第2工艺行中挂线的织针数量和排列的不同，织物可以形成不同的肌理效果。

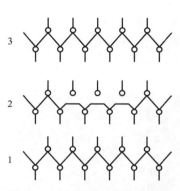

图6-13　集圈挂线法织物编织图

编程时，集圈挂线法的工艺设计是在单面纬平针的基础上进行，所采用的织针动作主要有"前针床线圈""后针床线圈"或"前针床线圈-后针床线圈"，即 ⚛、⚛ 或 ⚛。其中，"前针床线圈-后针床线圈"是为了将前后针床都带入编织，"前针床线圈"或"后针床线圈"则是为了使前针床或者后针床在另一针床挂线时进行单独编织。集圈挂线法形成的织物背面组织中，挂线部分的线圈被拉长，形成新颖的网状镂空织物肌理效果，也可以作为装饰图案用于织物正面。

如图6-14（a）所示是集圈挂线法设计实例一的标志视图，采用前后针床不同的纱线编织，由图6-14（b）、（c）可以看出，织物正面形成彩色凸条立体效果，背面则是网状镂空效果。如图6-15所示是实例设计二，采用一根纱线编织，并进行有规律的设计，使挂线部分形成波浪状凸起，图6-15（a）、（b）为该设计的标志视图，图6-15（c）、（d）分别是实验小样织物的正面和反面。

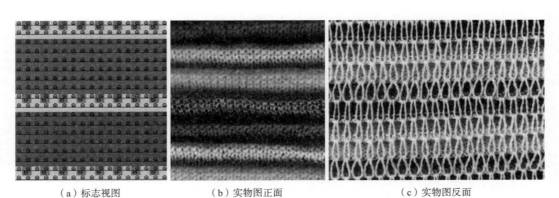

（a）标志视图　　　　　　　（b）实物图正面　　　　　　　　（c）实物图反面

图6-14　集圈挂线法设计实例一

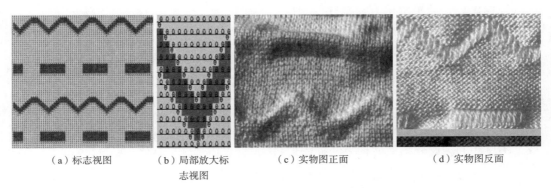

（a）标志视图　（b）局部放大标　　　（c）实物图正面　　　　　　（d）实物图反面
　　　　　　　志视图

图6-15　集圈挂线法设计实例二

集圈挂线法对纱线的性能要求相对较高，尤其是要进行挂线的纱线，韧性要大才能保证在挂线时不会轻易断裂。该方法形成的织物组织不会产生浮线，但挂线部位的线圈的圈弧会变长，连续挂线则会形成网状效果。集圈挂线法与局部编织有些类似，都是针床上某些织针无动作，另一些织针则连续编织，通过编织横列数量的不同，后期收缩形成凹凸肌理效果。

2. 集圈浮线法

集圈浮线法和集圈挂线法极其相似，都是某些织针无动作，不退出工作位置，也不参与编织。唯一的区别就是，集圈挂线法是前后针床同时参与编织，且挂线时另一针床上的织针正常成圈；而集圈浮线是只有一针床参与编织，不参与编织的织针后会有浮线经过。简而言之，集圈浮线法就是在停止编织动作的织针后形成浮线，架空这些织针，在经过几行后重新使这些织针参与到编织中。因为另一些一直参与工作的织针上编织的横行较多，当所有织针都参与编织时，这些多出来的横行就会形成褶皱效果，具有一定的肌理风格。

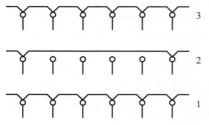

图6-16　集圈浮线法织物编织图

如图6-16所示是集圈浮线法的织物编织示例图。如图所示，第1工艺行为正常线圈起始行，第2工艺行上中间有部分织针无动作，线圈仍嵌套在织针上，像集圈一样，但纱线从后经过形成浮线，并不经过织针针钩，几个横列的编织后，在第3工艺行时，所有织针正常参与编织。

集圈浮线法的工艺设计较简单，只有正常线圈和浮线。织物可以是单色织物，也可以是多色织物。在集圈浮线部分采用不同于大身纱颜色的纱线进行编织，可以形成彩色块状，具有图案效果。此外，对集圈浮线部分进行规律设计，还可形成波浪状浮线凸起。利用集圈浮线法编织的织物背面会有较多浮线，与其他织物组织有较大不同。

如图6-17所示是集圈浮线设计实例一，图6-17（a）是该设计的标志视图，图6-17（b）、（c）是实物图的正反面。由图可以看出，纵向架空10针，产生了较明显的褶皱肌理效果。由多次试验数据得出：纵向架空的行数少于5针时，织物并无肌理效果，只有大于5针时，织物才会收缩。但是，根据纱线性能的不同，可以架空的最大行数也不尽相同。此外，横向架空的针数只会影响浮线的长短，对织物立体度并无影响，纵向架空的行数才会影响织物的肌理效果。

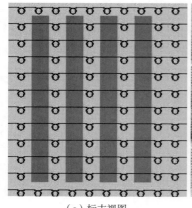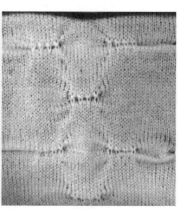

（a）标志视图　　　　　　　　　（b）实物图正面　　　　　　　　　（c）实物图反面

图6-17　集圈浮线法设计实例一

如图6-18所示是集圈浮线设计实例二彩色块状织物。由实物图可以看出，蓝色纱线编织时，有部分带有白色线圈的织针不参与工作，并在这些织针后面形成蓝色浮线，而这些浮线会被正面白色的线圈覆盖，从而形成彩色块状，并有褶皱效果。从实物图正面可以看出是彩色块状效果，而从实物图反面可以看出纱线并没有断开，是正常线圈与浮线相结合。

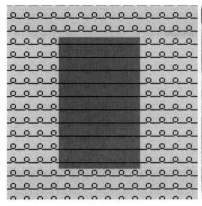

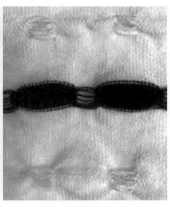

（a）标志视图　　　　　　　　　（b）实物图正面　　　　　　　　（c）实物图反面

图6-18　集圈浮线法设计实例二

如图6-19所示则是实例设计三，将集圈浮线设计与正反针结合，间隔搭配可以形成明显的肌理效果。集圈浮线法除了可以和正反针结合设计以外，还可以与移圈、集圈、局部编织等设计方法搭配，各种设计方法形成的肌理效果也丰富多彩。

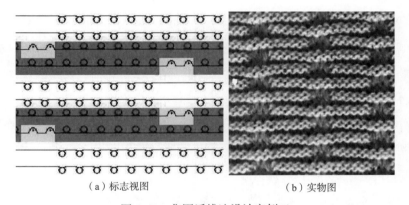

（a）标志视图　　　　　　　　　　　　　（b）实物图

图6-19　集圈浮线法设计实例三

其实，集圈浮线在常规的织物组织设计时，往往会被视为是工艺错误，但即使是不常规的工艺，经过一定的设计也会有新颖的织物效果。集圈浮线法除了与集圈挂线法类似之外，还与局部编织有异曲同工之妙。

3. 集圈脱圈法

集圈脱圈法是将集圈的线圈通过脱圈，形成毛圈组织的肌理效果。传统的毛圈组织一般是由两根或者三根纱线编织而成，一根纱线编织地组织线圈，另一根或两根纱线编织带有毛圈的线圈。这种方法形成的毛圈组织的线圈由地纱和毛圈纱构成，两根纱线所形成的线圈以添纱的形式存在于织物中。与添纱组织类似，传统毛圈组织的编织方法需要两个孔的导纱器喂入纱线，对导纱器的要求较高。在进行毛圈编织时，所垫入的毛圈纱在每一个线圈上都形成毛圈。集圈脱圈法相对而言则简易很多，对导纱器要求不高，只要普通导纱器即可，而且集圈脱圈法可以用一根纱线就完成毛圈组织的编织。

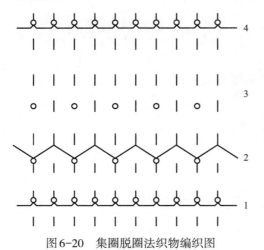

图6-20 集圈脱圈法织物编织图

如图6-20所示是集圈脱圈法的织物编织示例图。第1工艺行，后针床线圈正常编织；第2工艺行，前针床与后针床织针一隔一参与编织，前针床正常成圈，后针床集圈；第3工艺行，将上一行中前针床正常编织的线圈脱圈；第4工艺行，后针床继续正常编织。该编织图为一个循环，经过多个循环编织后，织物就会形成毛圈织物肌理效果。另外，需要注意的是，以该方法进行工艺设计时，编织线圈所采用的织针动作都为分针线圈。

集圈脱圈法的工艺设计相对来说有些复杂，涉及的织针动作主要有"前针床线圈""后针床线圈""后针床集圈"和"前针床脱圈"，即 ⊥、⊥、⊥ 和 ⊥。集圈脱圈法中，拉长的沉降弧即集圈线圈，与正常编织的线圈不在同一针床进行。利用前后针床分开编织，将前针床集圈线圈进行脱圈，进而在织物表面形成毛圈肌理效果。如图6-21所示是集圈脱圈法设计实例，图6-21（a）为工艺设计时的标志视图，图6-21（b）是局部放大的标志视图，图6-21（c）为实例小样效果图。从实物图中可以看出织物毛圈肌理效果明显。

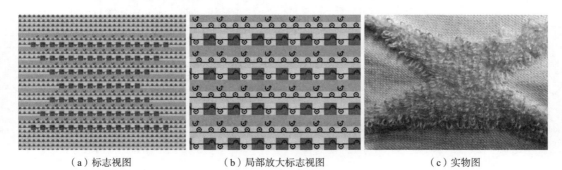

| （a）标志视图 | （b）局部放大标志视图 | （c）实物图 |

图6-21 集圈脱圈法设计实例

集圈脱圈法相较于传统毛圈组织的工艺设计方法有诸多便利之处，但该方法也有弊端，在上机编织时很容易产生严重的勾丝，这是因为脱圈产生的线圈高出编织的针床，会被对面针床上的织针勾住，形成一个巨大的线圈，将脱圈后形成的毛圈组织破坏。如果没有及时发现勾丝现象，线圈被过度拉扯就会断裂。

三、提花编织法

提花编织法形成肌理的实质是改变线圈长度。改变线圈长度在针织组织设计中较常用，但提花编织法的基础组织是双面提花组织，尤其是空气层提花组织。这是因为针织物是由线圈相互嵌套而成，单面织物的线圈大小会随着拉扯程度的不同而产生相应的变化，而双面织物的前后针床线圈一般由不同导纱嘴导出的纱线织成，一种纱线的线圈长度改变并不影响另一种纱线的线圈长度。

提花编织法适合编织具有图案效果的织物，通过改变花型部分线圈的长度，使图案具有一定的凸起度，形成浮雕状肌理效果。用提花编织法改变长度的线圈只是花型图案部分的正面线圈，其余的线圈长度不做任何调整。空气层提花织物分为两层，双色空气层提花织物正面和背面的图案颜色正好相异，纱线相互交错。空气层提花的前后针床线圈NP值一般都是12，通过增大服装正面图案部分纱线的线圈长度，即增加前针床花型部分工艺行的线圈长度，可以使正面图案部分的线圈更为凸出，仿佛"浮"在织物的表面，以此形成浮雕效果。通过试验，当线圈长度调至13～13.5时，织物会形成较好的浮雕肌理；当小于该值时，立体效果不明显；当超过该值时，上机编织时织物线圈会超过针床，不易继续编织。此外，该方法使花型部分图案浮在织物表面形成立体效果的同时，也保证织物背面的平整，确保穿着的舒适性。

提花编织法的工艺设计是在程序编制的第四步进行修改，如图6-22所示，打开线圈长度表，如图6-22（a）所示，选择一个未使用过的线圈的NP，将NP设置成程序中没有出现的数，再修改该线圈的线圈长度，改为"13"或者"13.5"即可，然后将这个线圈长度值赋给花型部分前针床的线圈，如图6-22（b）所示。

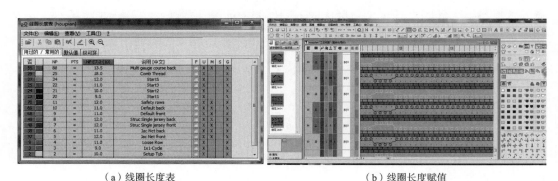

（a）线圈长度表　　　　　　　　　　　　　　　（b）线圈长度赋值

图6-22　提花编织法改变线圈长度

提花编织法适合编织有图案效果的织物，并且根据图案色块大小的不同，形成的立体度也不同。一般而言，图案色块较大时，立体度饱满；图案色块较小时，立体度不明显。如图6-23所示是提花编织法设计实例一，所采用的组织是空气层提花组织，如图6-24所示是设计实例二，采用的组织是嵌花组织。空气层提花组织形成的织物整体都是双面，手感厚实舒服，弹性较好；嵌花提花组织只有图案部分是双面，其余为单面。不管是哪种提花组织，只要图案部分线圈长度被修改，就会凸起在织物表面，形成肌理效果。

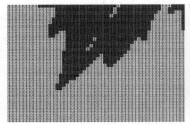  

（a）标志视图　　　　　　　（b）实物图正面　　　　　　　（c）实物图反面

图6-23　提花编织法设计实例一——空气层组织

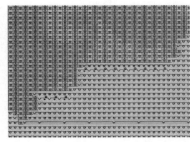  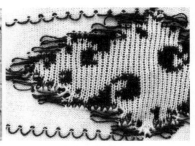

（a）标志视图　　　　　　　（b）实物图正面　　　　　　　（c）实物图反面

图6-24　提花编织法设计实例二——嵌花组织

从实例设计的效果图可以看出，提花编织法形成肌理的效果和利用纱线设计法形成的效果类似。纱线设计法是通过选取不同性能的纱线，或弹性较好，或蓬松性较好，利用纱线特有的性能完成肌理效果的实现。这种方法在进行编程时很简单，但对纱线的要求较高。

四、局部编织法

局部编织法多用于拼色编织、波浪形下摆、凸条组织和卷边织物等的编织。局部编织法可以设计出各具特色、别具风格的织物组织，是一种应用广泛的工艺设计方法。关于局部编织法创新设计的肌理是在传统的方法基础上，尝试进行不同横行数和纵列数的工艺设计，从而形成一定形状的、夸张的肌理效果。

局部编织法织片的程序编制与其他组织稍有不同，它是在基础组织上插入空行，在空行上进行织物组织线圈的排列。进行工艺设计时，根据局部编织部分是否在地组织的一个横列上完成，分为一次性编织和非一次性编织；又根据采用纱线数量的不同，纱线带入的方向和排列行数的奇偶性都有所不同。一次性局部编织可以在地组织的一个横列中，通过一次局部编织完成一个立体图形的编织；非一次性局部编织则是在地组织的一个横列中，通过局部编织只完成立体图形编织的一部分，通过若干个横列的多次局部编织才能完成立体图形。当采用一根纱线编织时，局部编织的每一小步都应该是奇数行，纱线带入、带出没有特别要求；当采用多根彩色纱线编织时，局部编织的每一小步应为偶数行，纱线带入、带出应在同一边。不管是几根纱线编织，局部编织的行数越多，凸起就会越高，立体感就越强。

如图6-25（a）所示为一次性局部编织，第2～5工艺行都是局部编织行，编织时其他部分的织针从不参与编织，每次编织的行数可相同，也可不同。第1工艺行应在偶数行结束，局部编织行从奇数行开始；第2工艺行编织一行，将纱线带入，第3、4行可以多行编织，编织的行数越多，织物越立体；第5行结束局部编织，将纱线带出。其中，在第3、4行中间可插入不同针数的多行局部编织。如图6-25（b）所示为非一次性局部编织，第2～8工艺行均为局部编织，其中第2、4、6、8工艺行均编织一行，且其他织针都会参与工作，第3、5、7工艺行为多行局部编织部分。

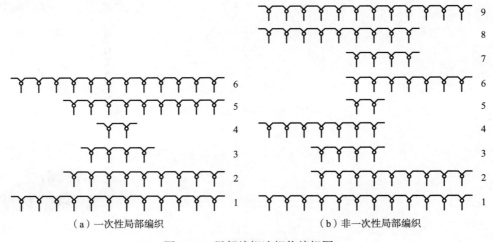

（a）一次性局部编织　　　　　　　　　　（b）非一次性局部编织

图6-25　局部编织法织物编织图

一般而言，编织同样的针数与行数，一次性局部编织形成的织物立体感突出，有夸张的效果，且侧面观察较为扁平；非一次性局部编织形成的织物依附在织物表面，凸起的弧度根据局部编织行数的不同而不同。

用局部编织法设计特殊形状的肌理实例如图6-26～图6-28所示。图6-26实例设计一，是一根纱线非一次性局部编织形成的三角肌理。如图6-26（a）所示是其整体标志视图，如图6-26（b）所示是局部放大的标志视图，如图6-26（c）所示是实物效果图。

由图可知，随着局部编织行数的增加，三角状的立体度越来越大。

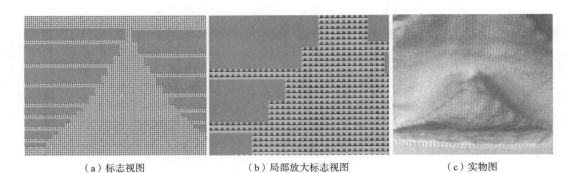

（a）标志视图　　　　　　　（b）局部放大标志视图　　　　　　　（c）实物图

图6-26　局部编织法设计实例一

如图6-27所示是设计实例二，同样是一根纱线编织，但采用的是一次性编织，所形成的肌理与设计实例一相别很大，三角状的立体度高，有夸张的肌理效果。如图6-28所示是设计实例三，是采用两根纱线非一次性编织形成的彩色块状凸起。

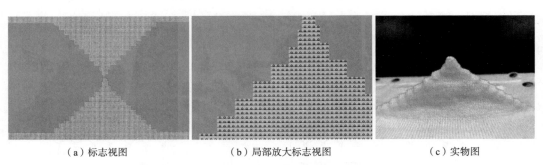

（a）标志视图　　　　　　　（b）局部放大标志视图　　　　　　　（c）实物图

图6-27　局部编织法设计实例二

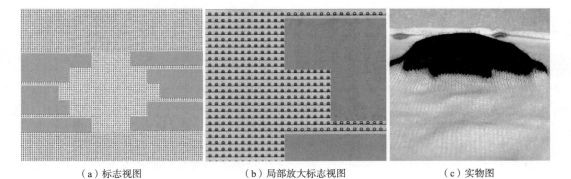

（a）标志视图　　　　　　　（b）局部放大标志视图　　　　　　　（c）实物图

图6-28　局部编织法设计实例三

局部编织法除了可以形成彩色凸条、凸点外，还可以形成具有图案效果的肌理。对针织织片程序的编制进行多种非常规的工艺设计探讨，就可以得到多种新颖的组织肌理，其关键在于尝试与创新。

第三节 新型肌理织物与传统肌理织物对比

新型与传统肌理的对比分析见表6-1。

表6-1 新型与传统肌理对比分析

序号	方法		工作的针床数	织针动作	工艺设计不同之处	织物立体度	整体优劣
1	新型	移圈浮线法	1		新型：移圈后织针不立即参加编织工作，直接形成浮线 传统：完整的线圈脱圈	脱圈＜移圈浮线法	传统方法形成的浮线长度大，容易勾丝，服用性能不如新型方法好
	传统	脱圈	1				
2	新型	集圈挂线法	2		新型：利用分针线圈，使前后针床分开编织 传统：单针床编织；翻针；集圈	集圈＜集圈挂线法≤局部编织法	新型方法对纱线的性能要求相对较高
	传统	集圈、局部编织法	1或2				
3	新型	集圈浮线法	1		新型：停止编织动作的织针后形成浮线，织物会因收缩形成褶皱 传统：多个线圈挂在同一织针上，形成孔洞	集圈＜集圈浮线法	传统方法对纱线强度要求高，且形成的立体效果不如新型方法好
	传统	集圈	1				
4	新型	集圈脱圈法	2		新型：将集圈线圈脱圈形成毛圈；可单根、多根纱线编织 传统：两到三根纱线编织，特殊导纱器	毛圈＝集圈脱圈法	新型方法上机编织时易勾丝，传统方法对机器要求较高，各有优劣
	传统	毛圈	1				
5	新型	提花编织法	2		新型：改变线圈长度 传统：采用不同性能的纱线	纱线设计法≤提花编织法	传统方法对纱线性能要求高
	传统	纱线设计法	2	—			
6	新型	局部编织法	1或2	或	新型：改变局部编织的行数和列数 传统：多为拼色编织、波浪下摆和凸条组织	传统方法＜新型方法	传统和新型方法一样，只是形成织物的立体肌理效果不同
	传统		1或2				

在针织服装肌理设计的试验过程中，细微的改变往往会产生意想不到的肌理效果。新型肌理的各种工艺设计方法，相较于传统的工艺设计而言，既有传承，又有创新，

将其进行对比分析，从工艺设计、织物肌理效果、服用性能等各方面的优劣进行归纳总结，更有利于针织组织的创新设计。

这些编织方法除了上述分析对比表中的各种不同外，形成的织物的弹性和服用性能也各不相同。

第七章

肌理设计手法在创意成衣中的编织实践

PART **7**

随着服装设计理念的发展，中国传统风格的艺术元素也引起了毛衫设计师们的关注。在现代文明高速发展的今天，民族特色风格几乎融入了所有产业，尤其是服装产业。在设计中融入独具民族特色的文化元素，中国服装才更能引领时尚潮流。中国传统元素所蕴含的服饰文化博大精深，青花瓷作为中国古典元素的代表，非常具有民族传统文化特色。本章运用中国经典的青花瓷元素进行成衣编织实践。

第一节　成衣设计实例一

一、设计说明

1. 款式

针织成形礼服因其独特的性能成为很多明星参加重要活动的"新战袍"，同时也受到许多大众消费者的关注。本章的成衣设计实例一为贴体礼服款式，上衣下裙。上衣为单肩单袖，以不对称的结构彰显个性；下衣为包臀裙，突出女性体型的凹凸有致。如图7-1所示是成衣设计实例一的整体效果图。

该设计以流畅的线条、简约的造型为主，融入中国传统元素中最为经典的青花瓷纹样图案，使民族特色与现代时尚并行。在该款设计中，服装图案部位采用立体肌理设计，使青花瓷图案纹样形成浮雕状凸起，既不失传统的古典美，又蕴含现代感的个性与时尚。

2. 色彩

根据该款成衣的设计风格，在色彩上，应体现青花瓷的经典韵味，故选择米白色和湖水蓝色纱线进行成衣的编织。

图7-1　成衣设计实例一——效果图

3. 组织结构

针织服装属于成形类产品编织，因此款式的设计具有一定的局限性。选择合适的组织结构设计可以塑造针织服装的造型和风格，还可以在一定程度上增加服装的创意和时尚美感。在成衣设计实例一针织礼服的设计中，以青花瓷纹样作为花型图案，最适合的新型工艺设计方法是提花编织法，采用的基本组织是空气层提花组织和1×1罗纹。其中，成衣大身编织采用空气层提花组织，上衣和裙子下摆处采用1×1罗纹。成衣正面组织的花型图案部分通过修改线圈长度，形成了浮雕状的立体织物肌理。具体的组织结构工艺设计可参考第六章第二节的提花编织法的工艺设计，在此不作赘述。

二、成品规格

成衣设计实例一的成品规格参考女装165 /84A号型，细节部位的尺寸有所调整，其款式结构图如图7-2所示。

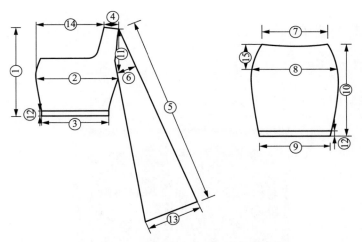

图7-2　成衣设计实例一——款式结构图

具体尺寸规格见表7-1。

表7-1　成衣设计实例一——规格表

编号	部位	尺寸（cm）	编号	部位	尺寸（cm）
①	上衣长	38	⑨	裙下摆围	38
②	胸宽	40	⑩	裙长	45
③	上衣下摆围	36	⑪	挂肩	21
④	肩宽	10	⑫	上衣和裙下摆罗纹长	2
⑤	袖长	60	⑬	袖口宽	30
⑥	袖肥	15	⑭	无袖部位宽	27
⑦	腰宽	38	⑮	腰臀高	18
⑧	臀宽	42	—	—	—

三、原料与编织设备

1．原料

该款成衣采用的原料一为22Nm／2湖水蓝色羊毛混纺纱线，具体成分为70%羊毛、20%涤纶和10%其他；原料二为28Nm／2米白色兔绒包芯纱，具体成分为50%黏胶、30%尼龙和20%涤纶。

2．编织设备

① 编织设备：Stoll电脑针织横机。
② 仪器型号：CMS 530 HP 7.2多针距型。

四、编织工艺单

1．确定成品密度

编织出成品小样片如图7-3所示。

图7-3　成衣设计实例一——小样

计算后得出密度见表7-2。

表7-2　成衣设计实例一——织物成品密度

密度	空气层提花组织	纬平针组织	1×1罗纹组织
成品横密（纵行/10cm）	72	62	—
成品纵密（横列/10cm）	100	80	110

2．计算工艺单

根据规格设计和成品密度，成衣设计实例一单肩单袖包臀裙的衣片工艺单计算过程见表7-3~表7-7。

表7-3　成衣设计实例一——上衣后片工艺计算

序号	指标	计算过程	结果
1	胸宽针数	40×7.2=288	取288针
2	肩宽针数	10×7.2=72	取72针
3	腰宽针数	36×7.2=259.2	取260针
4	下摆罗纹转数	2×11/2=11	取11转
5	衣长转数	38×10/2=190	取190转
6	挂肩转数	（21-0.5）×10/2=102.5	取102转
7	后片挂肩收针转数	（21-0.5）/3×2×10/2=68.2	取68转
8	后片挂肩平摇针数	102-68=34	取34转
9	挂肩以下衣身转数	190-11-102=77	取77转
10	无袖处宽针数	27×7.2=194.4	取194针
11	挂肩收针针数	288-194-72=22	取22针
12	挂肩收针分配	收针针数22针，收针转数68转	$\begin{cases}4\text{-}1\text{-}2\\3\text{-}1\text{-}20\end{cases}$
13	无袖处收针分配	收针针数194针，收针转数102转	上段：$\begin{cases}1\text{-}1\text{-}34\\2\text{-}1\text{-}12\end{cases}$ 中段：$\begin{cases}1\text{-}6\text{-}8\\1\text{-}5\text{-}16\end{cases}$ 下段：1-1-20
14	腰部放针分配	每边放针针数（288-260）/2=14（针），放针转数77转	$\begin{cases}\text{平}10\text{转}\\5+1+11\\4+1+3\end{cases}$

表7-4　成衣设计实例一——上衣前片工艺计算

序号	指标	计算过程	结果
1	胸宽针数	（40+2）×7.2=302.4	取302针
2	肩宽针数	（10+2）×7.2=86.4	取86针
3	腰宽针数	（36+2）×7.2=273.6	取274针
4	下摆罗纹转数	2×11/2=11	取11转
5	衣长转数	38×10/2=190	取190转
6	挂肩转数	同后片	取102转
7	前片挂肩收针转数	同后片	取68转
8	前片挂肩平摇针数	同后片	取34转
9	挂肩以下衣身转数	同后片	取77转
10	无袖处宽针数	27×7.2=194.4	取194针

续表

序号	指标	计算过程	结果
11	挂肩收针针数	302-194-86=22	取22针
12	挂肩收针分配	收针针数22针，收针转数68转	4-1-2 3-1-20
13	无袖处收针分配	收针针数194针，收针转数102转	上段：1-1-34，2-1-12 中段：1-6-8，1-5-16 下段：1-1-20
14	腰部放针分配	每边放针针数（302-274）/2=14（针），放针转数77转	平10转 5+1+11 4+1+3

表7-5 成衣设计实例一——裙后片工艺计算

序号	指标	计算过程	结果
1	腰宽针数	38×7.2=273.6	取274针
2	臀宽针数	42×7.2=302.4	取302针
3	裙下摆宽针数	40×7.2=288	取288针
4	裙长转数	45×10/2=225	取225转
5	下摆罗纹转数	2×11/2=11	取11转
6	腰臀部收针转数	18×10/2=90	取90转
7	臀部以下收针转数	225-11-90=124	取124转
8	腰臀部收针分配	每边收针针数（302-274）/2=14（针），收针转数90转	平14转 6-1-6 5-1-8
9	臀部以下放针分配	每边放针针数（302-274）/2=14（针），放针转数124转	平14转 4+1+8 3+1+6 平60转

表7-6 成衣设计实例一——裙前片工艺计算

序号	指标	计算过程	结果
1	腰宽针数	（38+2）×7.2=288	取288针
2	臀宽针数	（42+2）×7.2=316.8	取316针
3	裙下摆宽针数	（38+2）×7.2=288	取288针

续表

序号	指标	计算过程	结果
4	裙长转数	同后片	取225转
5	下摆罗纹转数	同后片	取11转
6	腰臀部收针转数	同后片	取90转
7	臀部以下收针转数	同后片	取124转
8	腰臀部收针分配	每边收针针数（316-288）/2=14（针），收针转数90转	平14转 6-1-6 5-1-8
9	臀部以下放针分配	每边放针针数（316-288）/2=14（针），放针转数124转	平14转 4+1+8 3+1+6 平60转

表7-7　成衣设计实例一——袖片工艺计算

序号	指标	计算过程	结果
1	袖肥针数	（15×2+1）×7.2=223.2	取224针
2	袖山针数	（34+34+2-2×2）÷10×2×7.2+2×2=99.04	取100针
3	袖山高转数	袖山高：$\sqrt{(21^2-15^2)}$=14.7cm，14.7×10/2=73.5	取74针
4	袖长转数	60×10/2=300	取300转
5	袖口宽针数	30×2×7.2=432	取432针
6	袖山收针分配	每边收针针数（224-100）/2=62针，收针转数74转	0.5-1-8 1-1-32 1.5-1-12 2-1-10
7	袖片收针分配	袖肥部位平摇15转，袖口部位平摇50转，每边收针针数（432-224）/2=104（针），收针转数300-74-15-50=161（转）	平15转 2-1-57 1-1-47 平50转

3. 生成工艺单

成衣设计实例一各个衣片生成的编织工艺单如图7-4所示。

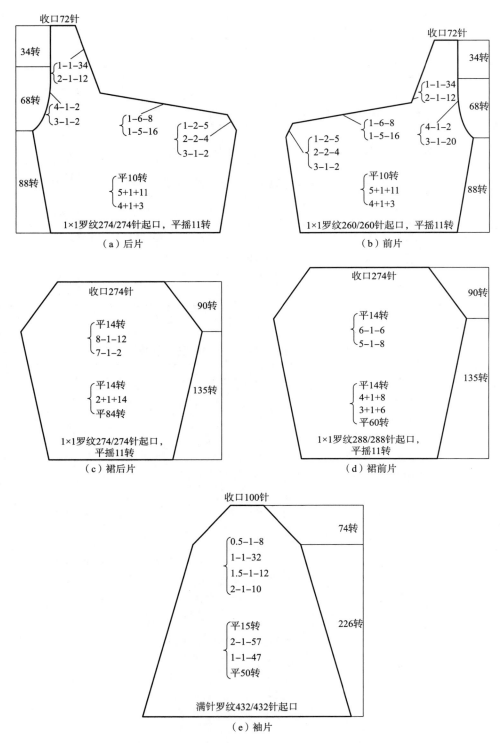

图7-4 成衣设计实例——各衣片编织工艺单

五、程序编制及上机编织

进行成衣编织时，程序设计是最重要、最关键的一步。成衣各衣片的编织工艺单计算完成后，要先利用M1 Plus软件进行衣片的模型编辑，再依次进行程序的编制。以成衣设计实例一上衣后片的程序设计为例，成衣衣片的程序设计如下：

① 打开M1 Plus软件，选择菜单栏"模型"中的"模型编辑器"，打开模型编辑器的编辑窗口，制作衣片模型，并保存模型。如图7-5所示是"模型编辑器"窗口，基本设置完成后，按照工艺单依次进行工艺输入。此时须注意所编辑的衣片是否对称，如果不是，须关闭"对称"选项（即不打勾）。成衣设计实例一的上衣后片为不对称设计，关闭"对称"后分别编辑左右边缘线。然后新建"新元素"，进行上衣领部工艺输入。按照工艺单将所有的工艺输入完成后，点击功能栏对模型边缘组织、收放针方式等进行设置和调整。

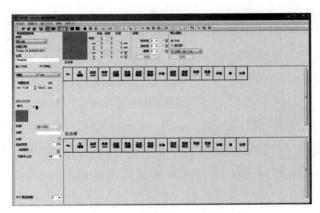

图7-5 "模型编辑器"窗口

如图7-6所示是上衣后片的模型编辑，如图7-7所示是编辑完成后的成形模型。

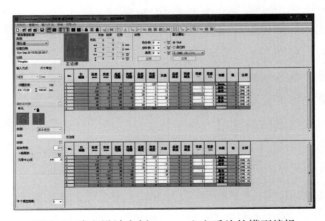

图7-6 成衣设计实例一——上衣后片的模型编辑

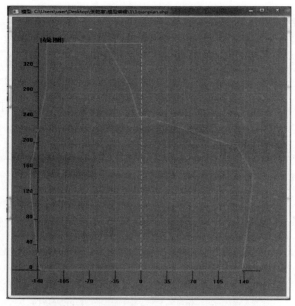

图7-7　成衣设计实例一——上衣后片成形模型

② 建立"新花型"，进行基本组织设计。新建花型，完成基本设置后，进入"工艺花型"模式。选择菜单栏"文件/导入/图片作为花型或图片作为花型元素"，将事先处理好的图片导入，并再进一步处理后运用到基本组织中去。然后选中要进行空气层提花组织设计的花型区域进行提花编辑，在提花属性中选择"网眼"，将花型图案部分编辑成空气层提花组织。

M1 Plus 花型软件设计系统中所使用的图片格式必须为bmp格式，否则无法导入。另外，图片中颜色不宜过多，最多四色。在本例中，选择的图片以蓝白色为主，还含有很多邻近色，在导入时通过进一步处理，减少颜色数，使之只剩两色后再运用到组织设计中去。

③ 添加起头组织，排列导纱器，设置工艺参数。在进行衣片的程序编制时，为了方便衣片花型组织结构的设计，在新花型初建时，并不直接生成起头组织，待衣片组织结构设计完成后，在菜单栏"编辑"中选择"更换起头"进行起头组织的选择与设置，然后再进行导纱器的排列并设置工艺参数等。

设置工艺参数是形成立体肌理效果最重要的一步，是提花编织法实现立体肌理的关键所在。在进行工艺参数修改时，将空气层提花组织正面花型图案部分的线圈长度由"12"改为"13.5"，具体可参照第六章第二节中提花编织法的原理讲述部分，在此不作过多赘述。

④ 导入并剪切模型。打开"模型/打开和定位模型"，选择编辑好的模型导入，调整好位置后进行剪切，将多余的织物组织剪切掉，形成衣片样片程序。

如图7-8所示是成衣设计实例一——上衣后片模型导入样片进行剪切后形成的衣片样片。

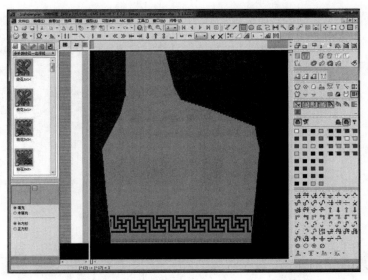

图7-8　成衣设计实例一——上衣后片样片

⑤ 工艺处理生成MC程序，并进行Sintral检验。

⑥ 导出MC程序，生成"CMS 530XXX.zip"压缩包保存至U盘。

程序编制完成后，将保存了程序的U盘插入电脑横机的USB接口，选择相应的程序导入电脑横机，进行"TP检验"，程序运行成功后，按照程序中导纱器的排列，进行纱线的配置，完成后抬起操纵杆，开始进行编织。

衣片编织完成后下机，先检查有无破洞等疵点。然后将编织完好的衣片收好，静待24小时等待织片回缩后，在套口机上对衣片进行封边。成衣设计实例一其他各个衣片的程序编制都与此相同，待所有的衣片全部编织完成后，在套口机上进行缝合。裙片只需缝合侧缝即可，对于上衣而言，缝合有顺序限制，应先对肩绱袖，再将袖片和衣片的侧缝一起缝合。衣片缝合完成之后，进行线头处理、洗涤、熨烫等后整理。

六、成衣作品

根据成衣设计实例一的编织工艺单进行程序编制、上机编织、缝合后完成成衣的制作。成衣作品效果如图7-9所示。因为机器号型限制，纱线只能采用22支粗细，所以编织出的成衣立体肌理效果整体而言并没有特别突出，但是在细节图中就可以很明显地观察到针织组织的立体肌理效果，具体如图7-10所示成衣设计实例一的实物细节图。

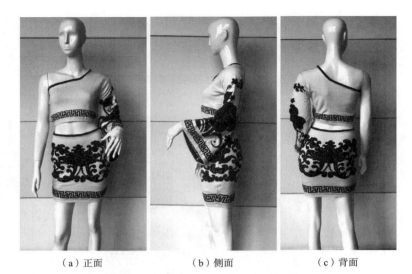

(a)正面 　　　　　(b)侧面 　　　　　(c)背面

图7-9　成衣设计实例一 ——成品效果图

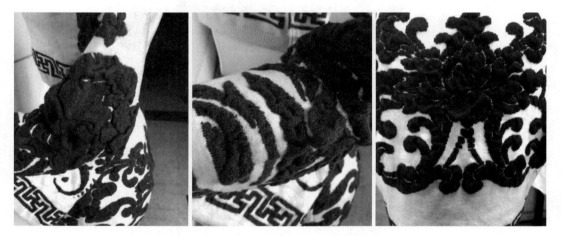

图7-10　成衣设计实例一 ——成品细节图

第二节　成衣设计实例二

一、设计说明

1. 款式

成衣设计实例二为翻折领遮肩袖毛衫裙，属于春夏款家居针织衫。翻折领设计可以形成一字肩，既增添时尚感，又能露出性感的锁骨，突出女性的魅力；合体的裙身设计，可以显现出女性身体优美的曲线；裙长及膝，既不影响人体正常运动，也符合家居服的基本功能。如图7-11所示是成衣设计实例二的成品效果图。

2. 色彩

成衣设计实例二在色彩设计上与实例一相呼应，以青花瓷的经典色彩为主，选择米白色和湖水蓝色纱线进行成衣的编织。

3. 组织结构

成衣设计实例二运用的基本组织是纬平针组织，在此基础上采用四种新型工艺设计方法，主要有移圈浮线法、集圈浮线法、集圈挂线法和局部编织法。其中，在翻折领部分采用移圈浮线法编织镂空绞花图案，使整件服装显得

图7-11 成衣设计
实例二——成品效果图

轻快、又时尚感浓厚；腰部采用集圈浮线法形成收缩，突出腰部曲线；臀部采用集圈挂线法，形成立体横条花纹和波浪花纹；裙子下部采用局部编织，形成立体效果明显的花型图案。除此之外，还采用传统方法中的双面集圈法，形成领部边缘和下摆边缘的立体花边效果。整件服装从上至下，立体感逐渐突出。具体组织结构工艺设计参考第六章第二节的新型肌理织物的工艺设计方法，在此不作赘述。

二、成品规格

成衣设计实例二的成品规格参考女装165/84A号型，根据款式设计要求，细节部位的尺寸有所调整，其款式结构图如图7-12所示，具体尺寸规格见表7-8。

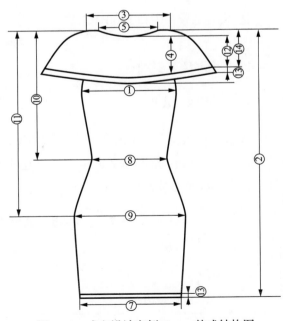

图7-12 成衣设计实例二——款式结构图

表7-8　成衣设计实例二——规格表

编号	部位	尺寸（cm）	编号	部位	尺寸（cm）
①	胸宽	40	⑧	腰宽	35
②	衣长	80	⑨	臀宽	45
③	肩宽	38	⑩	腰高	38
④	挂肩	19	⑪	臀高	58
⑤	领口宽	34	⑫	领高	20
⑥	领开口宽	42	⑬	下摆集圈高	3
⑦	下摆宽	45	⑭	领镂空部位高	17

三、原料与编织设备

1. 原料

该款成衣采用的原料为22Nm/2湖蓝色和米白色羊毛混纺纱线，具体成分为70%羊毛、20%涤纶和10%其他。

2. 编织设备

① 编织设备：Stoll 电脑针织横机。
② 仪器型号：CMS 530 HP 7.2 多针距型。

四、编织工艺单

1. 确定成品密度

成衣设计实例二是在纬平针组织的基础上进行各种组织的编织，因此密度以纬平针组织密度为准。除了纬平针组织外，还有双面集圈组织。根据第五章中所讲内容，编织各个小样可得成品的密度，详细见表7-9。

表7-9　成衣设计实例二——织物成品密度

密度	纬平针组织	双面集圈组织
成品横密（纵行/10cm）	68	—
成品纵密（横列/10cm）	84	130

2. 计算工艺单

根据规格设计和成品密度，成衣设计实例二翻折领遮肩袖连衣裙的衣片工艺单计算过程见表7-10、表7-11。

表7-10　成衣设计实例二——后片工艺计算

序号	指标	计算过程	结果
1	胸宽针数	40×6.8=272	取272针
2	肩宽针数	38×6.8×0.98=253.2	取254针
3	腰宽针数	35×6.8=238	取238针
4	下摆宽针数	45×6.8=306	取306针
5	领口针数	34×6.8=231.2	取232针
6	领开口针数	42×6.8=285.6	取286针
7	单肩宽针数	（254-232）/2=11	取11针
8	挂肩转数	19×8.4/2=79.8	取80转
9	衣长转数	80×8.4/2=336	取336转
10	挂肩收针转数	19×1/3×8.4/2=26.6	取26转
11	挂肩平摇转数	80-26=54	取54转
12	腰节以上放针转数	（38-19）×8.4/2=79.8	取80转
13	腰节以下收针转数	（58-38）×8.4/2=84	取84转
14	臀部以下转数	336-80-80-84=92	取92转
15	翻领转数	17×8.4/2=71.4	取72转
16	下摆集圈转数	3×13/2=19.5	取20转
17	腰臀部收针分配	每边收针针数＝（306-238）/2=34（针），收针转数84转	平8转 3-1-8 2-1-26
18	胸腰部放针分配	每边放针针数＝（272-238）/2=17（针），放针转数80转	平8转 4+1+13 3+1+4 平8转
19	挂肩收针分配	每边收针针数（272-254）/2=9（针），收针转数26转	3-1-2 4-1-5 先收2针
20	领放针分配	每边放针针数＝（286-232）/2=27（针），放针转数72转	平59转 1+1+4 1+2+4 1+3+5

表7-11　成衣设计实例二——前片工艺计算

序号	指标	计算过程	结果
1	胸宽针数	（40+2）×6.8=285.6	取286针
2	肩宽针数	同后片	取254针
3	腰宽针数	（35+2）×6.8=251.6	取252针
4	下摆宽针数	（45+2）×6.8=319.6	取320针
5	领口针数	同后片	取232针
6	领开口针数	同后片	取286针
7	单肩宽针数	同后片	取11针
8	挂肩转数	19×8.4/2=79.8	取80转
9	衣长转数	80×8.4/2=336	取336转
10	挂肩收针转数	19×1/3×8.4/2=26.6	取26转
11	挂肩平摇转数	80−26=54	取54转
12	腰节以上放针转数	（38−19）×8.4/2=79.8	取80转
13	腰节以下收针转数	（58−38）×8.4/2=84	取84转
14	臀部以下转数	336−80−80−84=92	取92转
15	翻领转数	17×8.4/2=71.4	取72转
16	下摆集圈转数	3×13/2=19.5	取20转
17	腰臀部收针分配	每边收针针数=（320−252）/2=34（针），收针转数84转	平8转 3-1-8 2-1-26
18	胸腰部放针分配	每边放针针数=（286−252）/2=17（针），放针转数80转	平8转 4+1+13 3+1+4 平8转
19	挂肩收针分配	每边收针针数（286−254）/2=16（针），收针转数26转	2-1-13 先收3针
20	领放针分配	每边放针针数=（286−232）/2=27（针），放针转数72转	平59转 1+1+4 1+2+4 1+3+5

3. 生成工艺单

成衣设计实例二各个衣片的上机编织工艺单如图7-13所示。

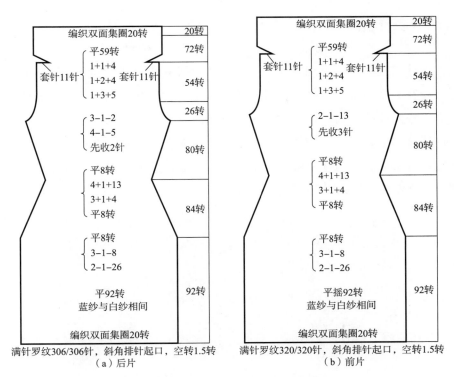

图7-13　成衣设计实例二——各衣片编织工艺单

五、程序编制及上机编织

成衣设计实例二的程序编制相对于成衣设计实例一而言有较大不同，实例一是直接按照编织工艺单进行程序编制，生成的是完整的衣片编织程序，而成衣设计实例二则因为有局部编织法的参与，在进行编程时，模型编辑器编辑的衣片模型无法导入。因此，在进行成衣设计实例二的编织时，将编织工艺单分为两部分进行程序编制：第一部分是裙片下部采用局部编织的部分，即工艺单中下部平摇92转的纬平针组织部分，不需导入模型，在新建花型时就设置成工艺单中的花宽与花高，在基本组织纬平针上，利用立体肌理新型工艺方法中的局部编织进行织物组织工艺设计；第二部分是工艺单中剩余部分，即有收放针的腰部以上部分，按照正常的成衣衣片编程步骤进行。在两片分别编织完成后，进行拼合，然后再完成衣片的缝合。

在进行成衣设计实例二程序的编制时，是在纬平针组织的基础上进行各种新型工艺方法设计，因此无须导入图片和编辑提花，程序编制步骤比成衣设计实例一少，具体步骤为：新花型建立→工艺设计→导入及剪切模型→添加起头组织→排列导纱器，设置工艺参数→工艺处理生成MC程序→进行Sintral检验→导出MC程序至U盘→程序导入电脑横机，上机编织。程序编制的详细过程参考本章的第一节。

六、成衣作品

　　成衣设计实例二的缝合相对较简单，但注意肩部和领部的缝合是反向的，不能连续进行，应在完成肩部缝合之后再进行领部的缝合，且在交接处须加固缝合线，防止穿脱时因拉扯而脱线。另外，因为衣片在编织时是上下分为两片单独进行编织的，在进行套口缝合之前，要先将前后片的上下片套口缝合在一起，然后进行衣片的整体缝合。在完成缝合后，要将线头藏在缝份里，不能立即剪断。最后，进行洗涤、熨烫等后整理。成衣作品效果如图7-14所示，其细节图如图7-15所示。

（a）正面　　　　　　（b）侧面　　　　　　（c）背面

图7-14　成衣设计实例二——成品效果图

   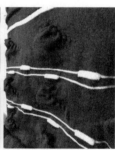

图7-15　成衣设计实例二——成品细节图

　　本章旨在实践第六章节所讲述的立体肌理新型织物的工艺方法，进行成衣实例创作，设计并完成了两套具有立体肌理效果的针织服装。每件成衣的制作都从设计说明开始，对款式的设计、色彩的选择、组织结构的确定进行详细的阐述，然后对其成品的规格进行测量，并根据款式的设计和机器的号型选择合适的原材料编织衣片小样、计算密度，并根据由小样得来的密度进行成衣衣片工艺单的计算，再通过软件进行程序的编制，完成衣片的上机程序编写，最后进行上机编织、衣片缝合、对成衣进行后整理等。本章共设计了两套针织成衣，并在进行实例创作时，融入了经典的青花瓷元素，使之兼具传统美和时尚感。

参考文献

[1] 柯宝珠.针织服装设计与工艺[M].北京：中国纺织出版社，2019.

[2] 李艳梅，林兰天.现代服装材料与应用[M].北京：中国纺织出版社，2013.

[3] 茱莉安娜·席泽思.时装设计元素：针织服装设计[M].郭瑞萍，张茜，译.北京：中国纺织出版社有限公司，2020.

[4] 卡罗尔·布朗.国际针织服装设计[M].张鹏，陈晓光，译.上海：东华大学出版社，2019.

[5] 丽莎·多诺弗里奥·费雷扎，玛丽莲·赫弗伦.美国针织服装设计与应用：从灵感到成衣[M].陈莉，匡丽赟，译.北京：中国纺织出版社有限公司，2021.

[6] 龚雪鸥.电脑横机织物组织设计与实践[M].北京：清华大学出版社，2019.

[7] 姜晓慧，王智.电脑横机花型设计实用手册[M].北京：中国纺织出版社，2014.

[8] 林光兴，金永良，张国利.电脑横机操作教程[M].北京：中国纺织出版社有限公司，2022.

[9] 邓军文.毛织服装电脑横机制板[M].北京：中国纺织出版社有限公司，2021.

[10] 朱学良.电脑横机操作教程[M].2版.北京：中国纺织出版社有限公司，2020.

[11] 朱文俊.电脑横机编织技术[M].北京：中国纺织出版社，2011.

[12] 卢华山.电脑横机技术教程：毛衫花样设计与制板[M].北京：中国纺织出版社有限公司，2021.

[13] 潘早霞，严华.针织服装设计与技术[M].北京：人民美术出版社，2022.

[14] 李学佳.成形针织服装设计[M].北京：中国纺织出版社，2019.

[15] 宋广礼.电脑横机实用手册[M].2版.北京：中国纺织出版社，2013.

[16] 宋晓霞，王永荣.针织服装色彩与款式设计[M].上海：上海科学技术文献出版社，2013.

[17] 王勇.针织服装设计[M].上海：东华大学出版社，2017.

[18] 沈雷.针织服装设计[M].北京：化学工业出版社，2014.

[19] 龙海如.针织学[M].2版.北京：中国纺织出版社，2014.

[20] 郭凤芝.针织服装设计基础[M].北京：化学工业出版社，2008.

[21] 郭凤芝. 电脑横机的使用与产品设计[M]. 北京：中国纺织出版社，2009.

[22] 谭磊. 针织服装设计与工艺[M]. 上海：东华大学出版社，2012.

[23] 贺树青. 针织服装设计与工艺[M]. 北京：化学工业出版社，2009.

[24] 宋晓霞，柯宝珠. 新经典主义编织[M]. 上海：上海文化出版社，2011.

[25] 李冉冉. 纬编针织提花织物耗纱量预测模型的研究[D]. 上海：上海工程技术大学，2020.

[26] 王林霞. 基于局部编织的毛衫立体结构预测模型研究[D]. 上海：上海工程技术大学，2021.

[27] 李春晓. 局部编织在电脑横机全成形毛衫中的应用研究[D]. 上海：上海工程技术大学，2021.

[28] 张乾惠. 基于电脑横机的针织服装立体肌理的研究与实现[D]. 上海：上海工程技术大学，2017.